Analysis · Stochastik
Analytische Geometrie

Mathematik-KOMPAKT

STARK

Bildnachweis
Titelbild: © Sophie Broadbridge/Getty Images
Seite 1: commons.wikimedia.org
Seite 79: © Robert Byron/Dreamstime.com
Seite 139: © Lane Erickson/Fotolia.com

© 2020 Stark Verlag GmbH
www.stark-verlag.de
1. Auflage 2019

Autoren: Dieter Pratsch und Alfred Müller

Hinweis:
Die entsprechend gekennzeichneten Kapitel enthalten ein **Lernvideo**. An den jeweiligen Stellen im Buch befindet sich ein QR-Code, der mit einem Smartphone oder Tablet gescannt werden kann.

Im Hinblick auf eine eventuelle Begrenzung des Datenvolumens wird empfohlen, beim Ansehen der Videos eine WLAN-Verbindung zu nutzen. Falls keine Möglichkeit besteht, den QR-Code zu scannen, sind die Lernvideos auch auffindbar unter:
http://qrcode.stark-verlag.de/924003V

Inhalt

Vorwort

Liebe Schülerinnen und Schüler,

dieser Band der Reihe KOMPAKT bietet Ihnen den für die Fachabiturprüfung an den bayerischen Fach- und Berufsoberschulen
notwendigen Unterrichtsstoff. Die Analysis ist dabei für alle Ausbildungsrichtungen relevant, die Stochastik nur für die nichttech-
nischen Ausbildungsrichtungen und die Analytische Geometrie
nur für die Ausbildungsrichtung Technik.

- Alle prüfungsrelevanten Inhalte des LehrplanPLUS werden
  verständlich erklärt. Somit wird das Wissen vermittelt, das
  für die Bearbeitung kompetenzorientierter Aufgaben erforder-
  lich ist.

- Wichtige **Definitionen** und **Merksätze** sind hervorgehoben.

- Durch charakteristische und prägnante **Beispiele** aus der Schul-
  praxis wird der Unterrichtsstoff verdeutlicht.

- Viele **Schaubilder** und **Grafiken** veranschaulichen den Stoff
  zusätzlich.

- Die getrennten **Stichwortverzeichnisse** zur Analysis, Stochastik bzw. Analytischen Geometrie führen schnell und treffsicher
  zum jeweiligen Stoffinhalt.

Zu ausgewählten Themen gibt es **Lernvideos** und
Animationen, in denen wichtige Zusammenhänge
dargestellt werden. An den entsprechenden Stellen
im Buch befindet sich ein QR-Code, der mit einem
Smartphone oder Tablet gescannt werden kann.
Eine Zusammenstellung aller Videos und Animationen ist über den nebenstehenden QR-Code abrufbar.

Somit ist dieses Buch ideal zum schnellen Nachschlagen von Begriffen, zur zeitsparenden Wiederholung von Unterrichtsstoff und zur intensiven Vorbereitung auf Schulaufgaben, schriftliche Leistungsnachweise und die Fachabiturprüfung.

Ihr

Dieter Pratsch

Analysis ◀

1 Ganzrationale Funktionen

In der Analysis werden als wesentliche Inhalte Funktionen, ihre
Eigenschaften und ihre Anwendungen auf mathematische und
außermathematische Probleme betrachtet.
Im Folgenden werden von der Definition der Funktion ausgehend
grundlegende Begriffe geklärt und Verknüpfungen der Funktionen aus dem Katalog der Elementarfunktionen und die daraus gewonnenen Eigenschaften ganzrationaler Funktionen untersucht.

1.1 Grundbegriffe reeller Funktionen

Funktion
Eine **Funktion f** ordnet die Elemente einer Menge D_f **(Definitionsmenge)** eindeutig den Elementen einer Menge W_f **(Wertemenge)** zu.
Die Funktion heißt **reelle Funktion**, wenn D_f und W_f Teilmengen der Menge der reellen Zahlen sind, d. h. $D_f \subseteq \mathbb{R}$ und
$W_f \subseteq \mathbb{R}$ gelten.

Man schreibt:

$f: x \mapsto f(x)$	Funktionszuordnung
$y = f(x)$	Funktionsgleichung
$f = \{(x \mid y) \mid x \in D_f \wedge y \in W_f \wedge y = f(x)\}$	Funktion

Die Variable $x \in D_f$ wird **unabhängige** Variable genannt. Die
Variable y ist **abhängig** davon, was für x in den Funktionsterm
f(x) eingesetzt wird und heißt **Funktionswert**. Die zusammen-
gehörenden Paare $(x \mid y)$ kann man in ein rechtwinkliges (kartesisches) **Koordinatensystem** eintragen. Es ergibt sich der
Graph G_f der Funktion f.

Beispiel   f: $x \mapsto \frac{1}{2}x^2 - x - \frac{3}{2}$ bzw.

$y = f(x) = \frac{1}{2}x^2 - x - \frac{3}{2}$, $D_f = \mathbb{R}$, $W_f = [-2; \infty[$

Graph:

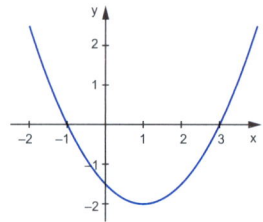

Anhand des Graphen klären wir weitere **Grundbegriffe**:

> **Schnittpunkte mit den Achsen**
> Schnittpunkte mit der **x-Achse (Nullstellen)**: $y = f(x) = 0$
> Schnittpunkte mit der **y-Achse**: $x = 0$

Beispiel   Für die Funktion mit der Gleichung $f(x) = \frac{1}{2}x^2 - x - \frac{3}{2}$ bedeutet dies:

1. $\frac{1}{2}x^2 - x - \frac{3}{2} = 0 \implies x = -1 \lor x = 3$

   Somit schneidet der Graph von f die x-Achse in den Punkten $N_1(-1|0)$, $N_2(3|0)$.

2. $y = f(0) = -\frac{3}{2}$

   Also schneidet der Graph von f die y-Achse im Punkt $T\left(0 \,\middle|\, -\frac{3}{2}\right)$.

Monotonie
Eine Funktion f heißt **monoton zunehmend** oder **steigend (abnehmend** oder **fallend)**, wenn für alle $x_1, x_2 \in D_f$ gilt:
$x_1 < x_2 \implies f(x_1) \leq f(x_2)$ $(x_1 < x_2 \implies f(x_1) \geq f(x_2))$

Sie heißt **streng monoton zunehmend** oder **steigend (abnehmend** oder **fallend)**, wenn für alle $x_1, x_2 \in D_f$ gilt:
$x_1 < x_2 \implies f(x_1) < f(x_2)$ $(x_1 < x_2 \implies f(x_1) > f(x_2))$
Der Graph G_f **steigt (fällt)** dann streng monoton.

Anschaulich:

Der Graph G_f steigt streng monoton, wenn in Richtung wachsender x-Werte die y-Werte zunehmen.

Der Graph G_f fällt streng monoton, wenn in Richtung wachsender x-Werte die y-Werte abnehmen.

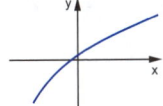

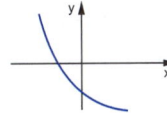

Der Graph der Funktion f mit der Gleichung $f(x) = \frac{1}{2}x^2 - x - \frac{3}{2}$ ist für $x \leq 1$, d. h. für $x \in \,]-\infty; 1]$, streng monoton abnehmend und für $x \geq 1$, d. h. für $x \in [1; \infty[$, streng monoton zunehmend.

Beispiel

Extremwerte
Eine Funktion hat an der Stelle x_0 ein **relatives Maximum (Minimum)**, wenn die Funktionswerte (y-Werte) in einer Umgebung von x_0 kleiner (größer) als der Funktionswert $f(x_0)$ sind. Der Graph besitzt einen **Hochpunkt (Tiefpunkt)**.

Der größte (kleinste) Funktionswert in der Definitionsmenge D_f ist ein **absolutes (globales) Maximum (Minimum)**.

Beispiel   Für $f(x) = \frac{1}{2}x^2 - x - \frac{3}{2}$ gilt:
Bei $x = 1$ liegt ein (relatives) Minimum vor, weil $f(1) = -2$ der
kleinste Wert der Funktion f ist. Der Graph G_f hat den Tiefpunkt
$T(1\,|-2)$.

Achsensymmetrie
Der Graph G_f einer Funktion f ist **achsensymmetrisch** zur
y-Achse, wenn für alle $x \in D_f$ gilt: $f(-x) = f(x)$

Beispiel   Der Graph G_f der Funktion mit

$y = f(x) = -x^2 + 2$

ist symmetrisch zur y-Achse,
da gilt:

$f(-x) = -(-x)^2 + 2$
$\qquad = -x^2 + 2$
$\qquad = f(x)$

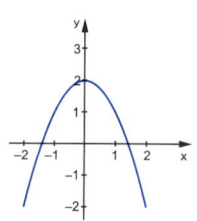

Punktsymmetrie
Der Graph G_f einer Funktion f ist **punktsymmetrisch** zum
Ursprung $O(0\,|\,0)$, wenn für alle $x \in D_f$ gilt: $f(-x) = -f(x)$

Beispiel   Der Graph G_f der Funktion mit

$y = f(x) = x^3 - 3x$

ist punktsymmetrisch zum Ursprung,
da gilt:

$f(-x) = (-x)^3 - 3 \cdot (-x)$
$\qquad = -x^3 + 3x$
$\qquad = -(x^3 - 3x)$
$\qquad = -f(x)$

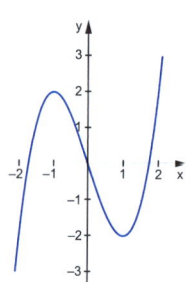

Schnittpunkte zweier Funktionsgraphen
In einem Schnittpunkt $S(x_0|y_0)$ der Graphen G_f und G_g
zweier Funktionen f und g muss gelten: $y_0 = f(x_0) = g(x_0)$,
d. h., zur Bestimmung der x-Werte der Schnittpunkte setzt
man die beiden Funktionsterme gleich und löst dann die
Gleichung $f(x) = g(x)$.

Die Graphen der gezeichneten
Funktionen f: $x \mapsto x^2 - 4x + 3$ und
g: $x \mapsto \frac{1}{2}x - \frac{1}{2}$ schneiden sich in den
Punkten $S_1(1|0)$ und $S_2\left(\frac{7}{2} \mid \frac{5}{4}\right)$, weil:

Beispiel

$$f(x) = g(x)$$
$$\Rightarrow \quad x^2 - 4x + 3 = \frac{1}{2}x - \frac{1}{2}$$
$$x^2 - \frac{9}{2}x + \frac{7}{2} = 0$$
$$x_{1;2} = \frac{1}{2}\left(\frac{9}{2} \pm \sqrt{\frac{81}{4} - \frac{56}{4}}\right) = \frac{1}{2}\left(\frac{9}{2} \pm \frac{5}{2}\right)$$
$$x_1 = 1; \quad x_2 = \frac{7}{2}$$

$g(1) = 0; \quad g\left(\frac{7}{2}\right) = \frac{5}{4} \quad \Rightarrow \quad S_1(1|0); \quad S_2\left(\frac{7}{2} \mid \frac{5}{4}\right)$

1.2 Katalog der Elementarfunktionen

(1) **Lineare Funktion**

f: $x \mapsto x \quad (y = x)$
$D_f = \mathbb{R}; \quad W_f = \mathbb{R}$

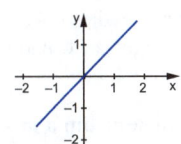

(2) **Quadratische Funktion**

f: $x \mapsto x^2 \quad (y = x^2)$
$D_f = \mathbb{R}; \quad W_f = \mathbb{R}_0^+$

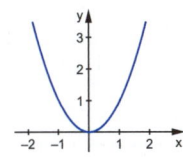

(3) **Potenzfunktion**

$$f: x \mapsto x^n \quad \wedge \quad n \in \mathbb{N}$$
$$\wedge \quad n \geq 3$$
$$D_f = \mathbb{R};$$
$$W_f = \begin{cases} \mathbb{R}, & n \text{ ungerade} \\ \mathbb{R}_0^+, & n \text{ gerade} \end{cases}$$

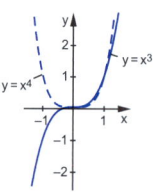

(4) **Potenzfunktion**

$$f: x \mapsto x^{-n} = \frac{1}{x^n} \quad \wedge \quad n \in \mathbb{N}$$
$$D_f = \mathbb{R} \setminus \{0\};$$
$$W_f = \begin{cases} \mathbb{R} \setminus \{0\}, & n \text{ ungerade} \\ \mathbb{R}^+, & n \text{ gerade} \end{cases}$$

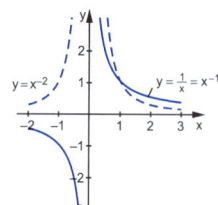

1.3   Eigenschaften reeller Funktionen

Im Folgenden erfahren wir schrittweise, wie man aus den Bildern der Elementarfunktionen die Funktionsgraphen beliebiger zusammengesetzter Funktionen erhält.

Führt man in die Funktionsgleichung einer Elementarfunktion eine Konstante als Formvariable ein, so erhält man eine Verschiebung oder eine Streckung, bei mehreren Formvariablen eine Kombination dieser Abbildungen.
Spiegelungen an x- und y-Achse bewirken Lageänderungen der Funktionsgraphen.

Verschiebung um d in y-Richtung
$$f(x) \mapsto g(x) = f(x) + d, \ d \in \mathbb{R}, \ D_f = D_g$$

Beispiel

$$f(x) = x^2; \ D_f = \mathbb{R}; \ W_f = \mathbb{R}_0^+$$
$$g(x) = x^2 - 1; \ D_g = \mathbb{R}; \ W_g = [-1; \infty[$$

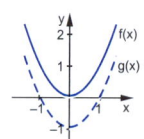

Multiplikation der Funktionswerte mit a

$f(x) \mapsto g(x) = a \cdot f(x)$, $a \in \mathbb{R}$, $D_f = D_g$

Beispiel

1. $f(x) = x$; $D_f = \mathbb{R}$; $W_f = \mathbb{R}$

   $g(x) = \frac{1}{2}x$; $D_g = \mathbb{R}$; $W_g = \mathbb{R}$

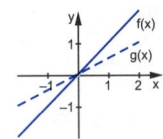

2. $f(x) = x^2$; $D_f = \mathbb{R}$; $W_f = \mathbb{R}_0^+$

   $g(x) = 2x^2$; $D_g = \mathbb{R}$; $W_g = \mathbb{R}_0^+$

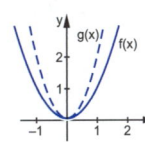

Verschiebung um $-c$ in x-Richtung

$f(x) \mapsto g(x) = f(x + c)$, $c \in \mathbb{R}$, $W_f = W_g$

Beispiel

1. $f(x) = x^3$; $D_f = \mathbb{R}$; $W_f = \mathbb{R}$

   $g(x) = (x - 1)^3$; $D_g = \mathbb{R}$; $W_g = \mathbb{R}$

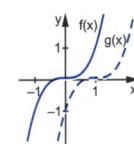

2. $f(x) = x^2$; $D_f = \mathbb{R}$; $W_f = \mathbb{R}_0^+$

   $g(x) = (x + 1)^2$; $D_g = \mathbb{R}$; $W_g = \mathbb{R}_0^+$

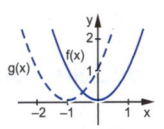

Spiegelung an der y-Achse

$f(x) \mapsto g(x) = f(-x)$

Beispiel

1. $f(x) = x \Rightarrow g(x) = -x$

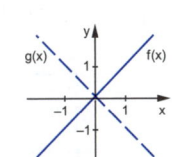

2. $f(x) = x^2 \implies$
   $g(x) = f(-x) = (-x)^2 = x^2$
   Der Graph von $f(x) = x^2$ ist
   symmetrisch zur y-Achse;
   d. h., es gilt: $f(-x) = f(x)$

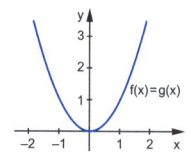

3. $f(x) = \frac{1}{2}x^2 - x - \frac{3}{2} \implies$
   $g(x) = \frac{1}{2}x^2 + x - \frac{3}{2}$

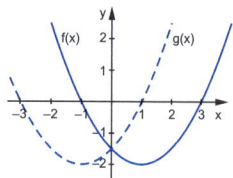

Spiegelung an der x-Achse
$f(x) \mapsto g(x) = -f(x)$

Beispiel $f(x) = \frac{1}{2}x^2 - x - \frac{3}{2} \implies$

$g(x) = -\frac{1}{2}x^2 + x + \frac{3}{2}$

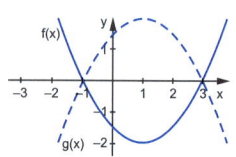

1.4   Spezielle Funktionen

Im Folgenden werden Funktionen mit ähnlichen Eigenschaften zu
Gruppen zusammengefasst.

> **Die allgemeine lineare Funktion**
> $y = f(x) = m x + t, \; D = \mathbb{R}$ m: Steigung
>   t: y-Achsenabschnitt

Im nebenstehenden Beispiel $y = \frac{1}{2}x + 1$
gilt:

$m = \frac{\Delta y}{\Delta x} = \frac{1}{2}, \quad t = 1$

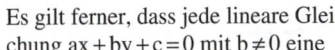

Es gilt ferner, dass jede lineare Gleichung $ax + by + c = 0$ mit $b \neq 0$ eine
Gerade als Graphen besitzt, da sie umgeformt werden kann:

$ax + by + c = 0$

$\qquad by = -ax - c \qquad\qquad |: b$

$\qquad y = -\frac{a}{b}x - \frac{c}{b} = mx + t$

Formen Sie $2x - 3y + 2 = 0$ so um, dass die Form $y = mx + t$ entsteht. Zeichnen Sie den Graphen.

Beispiel

Lösung:

$2x - 3y + 2 = 0$

$3y = 2x + 2$

$\quad y = \frac{2}{3}x + \frac{2}{3}$

$m = \frac{2}{3}, t = \frac{2}{3}$

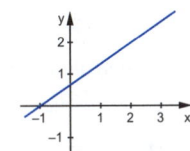

Die allgemeine quadratische Funktion
Die allgemeine quadratische Funktion f hat die Funktionsglei-
chung $y = f(x) = ax^2 + bx + c \;\land\; a \neq 0, D = \mathbb{R}$, ihr Graph heißt
Parabel.
Besitzt die zugehörige Parabel den Scheitel $S(s_1 \,|\, s_2)$, so lässt
sich die Funktion durch
$y = f(x) = ax^2 + bx + c = a \cdot (x - s_1)^2 + s_2$
darstellen **(Scheitelform)**.

Besitzt die zugehörige Parabel die Schnittpunkte $N_1(x_1 \,|\, 0)$
und $N_2(x_2 \,|\, 0)$ mit der x-Achse, so lässt sich der Funktionsterm
in **Linearfaktoren** zerlegen zu
$y = f(x) = ax^2 + bx + c = a \cdot (x - x_1) \cdot (x - x_2)$.

Beispiel 1. $y = \frac{1}{2}x^2 - x - 4$, $D_f = \mathbb{R}$

Schnittpunkte mit der x-Achse und Aufspaltung in Linearfaktoren:

$$\frac{1}{2}x^2 - x - 4 = 0$$

$$x_{1;\,2} = \frac{1}{1}(1 \pm \sqrt{1+8}) = 1 \pm 3$$

$$x_1 = -2 \quad \Rightarrow \quad N_1(-2 \,|\, 0)$$

$$x_2 = 4 \quad \Rightarrow \quad N_2(4 \,|\, 0)$$

$$y = \frac{1}{2}x^2 - x - 4 = \frac{1}{2}(x+2)(x-4)$$

Scheitelform:
Die x-Koordinate des Scheitels ergibt sich als arithmetisches Mittel
der Nullstellen:

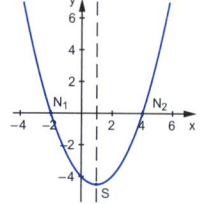

$$x_S = \frac{x_1 + x_2}{2}$$

Also in diesem Beispiel:

$$x_S = \frac{-2 + 4}{2} = 1$$

Die y-Koordinate des Scheitels erhält man durch Einsetzen
der x-Koordinate in den Funktionsterm:

$$y_S = \frac{1}{2} \cdot 1^2 - 1 - 4 = -\frac{9}{2}$$

$$\Rightarrow \quad \text{Scheitel } S\left(1 \,\middle|\, -\frac{9}{2}\right)$$

$$\Rightarrow \quad y = \frac{1}{2}(x-1)^2 - \frac{9}{2} \quad \text{(Scheitelform)}$$

2. Gegeben ist die quadratische Funktion

f: $x \mapsto y = f(x) = -\frac{1}{4}x^2 - \frac{1}{2}x + 2$, $D_f = \mathbb{R}$

Bestimmen Sie die Koordinaten des Scheitels S, die Wertemenge und die Symmetrieachse, und geben Sie eine Aufspaltung in Linearfaktoren sowie die Bereiche mit $y \geq 0$ bzw. $y \leq 0$
an. Zeichnen Sie die zugehörige Parabel.

Lösung:

Scheitelbestimmung:

Für die x-Koordinate des Scheitels einer Parabel mit der Funktionsgleichung $y = ax^2 + bx + c$ gilt:

$x_S = \frac{-b}{2a}$

Damit erhält man in diesem Beispiel:

$x_S = \frac{\frac{1}{2}}{2 \cdot \left(-\frac{1}{4}\right)} = -1$ und

$y_S = -\frac{1}{4} \cdot (-1)^2 - \frac{1}{2} \cdot (-1) + 2 = \frac{9}{4}$

$\Rightarrow$ Scheitel $S\left(-1 \mid \frac{9}{4}\right)$

Aufspaltung in Linearfaktoren:

$-\frac{1}{4}x^2 - \frac{1}{2}x + 2 = 0 \qquad | \cdot (-4)$

$x^2 + 2x - 8 = 0$

$x_{1/2} = \frac{1}{2}(-2 \pm \sqrt{4 + 32}) = \frac{1}{2}(-2 \pm 6)$

$x_1 = -4 \quad \Rightarrow \quad N_1(-4 \mid 0)$

$x_2 = 2 \quad \Rightarrow \quad N_2(2 \mid 0)$

$y = -\frac{1}{4}(x + 4) \cdot (x - 2)$

$y \geq 0$ für $x \in [-4; 2]$

$y \leq 0$ für $x \in \,]-\infty; -4] \cup [2; \infty[$

Ganzrationale Funktionen

Eine Funktion f ist eine ganzrationale Funktion, wenn ihr Funktionsterm ein Polynom in x ist. Für jede ganzrationale Funktion f gilt: $D_f = \mathbb{R}$.

Die höchste vorkommende Potenz von x bestimmt den **Grad** der ganzrationalen Funktion. Die Zahl vor der höchsten Potenz von x wird auch **Leitkoeffizient** genannt.

1. $f(x) = 5x^4 + 3x^3 - 2x^2 - x + 6$
   ist eine ganzrationale Funktion 4. Grades
   mit dem Leitkoeffizient 5.

2. $f(x) = x^5 - x + 1$
   ist eine ganzrationale Funktion 5. Grades
   mit dem Leitkoeffizient 1.

Bei ganzrationalen Funktionen kann das Symmetrieverhalten besonders einfach festgestellt werden.

> Der Graph G_g einer ganzrationalen Funktion g ist **achsensymmetrisch** zur y-Achse, wenn der Funktionsterm $g(x)$ **nur gerade Potenzen von x** enthält.
> Daher heißt eine solche Funktion auch **gerade** Funktion.

Beispiel Der Graph G_g der Funktion g mit $g(x) = \frac{1}{2}x^4 - x^2 + 3$ ist achsensymmetrisch zur y-Achse.

Hinweis: Ein konstanter Summand zählt zu den geraden Potenzen von x, da man sich den Faktor x^0 ergänzt denken kann:
$g(x) = \frac{1}{2}x^4 - x^2 + 3 \cdot x^0$

> Der Graph G_h einer ganzrationalen Funktion h ist **punktsymmetrisch** zum Ursprung, wenn der Funktionsterm $h(x)$ **nur ungerade Potenzen von x** enthält.
> Eine solche Funktion heißt auch **ungerade** Funktion.

Beispiel Der Graph G_h der Funktion h mit $h(x) = -2x^5 + \frac{1}{2}x^3 - x$ ist punktsymmetrisch zum Ursprung.

Die meisten ganzrationalen Funktionen sind jedoch weder achsensymmetrisch zur y-Achse noch punktsymmetrisch zum Ursprung.

Beispiel

1. $f(x) = \frac{1}{4}x^4 - x^2 + x$

   Der Funktionsterm enthält sowohl gerade als auch ungerade Potenzen von x.

2. $p(x) = x^3 - \frac{1}{2}x + 1$

   Auch hier enthält der Term gerade und ungerade Potenzen von x, da $+1 \cdot x^0$ als gerade Potenz von x gilt.

Besitzt die ganzrationale Funktion f an der Stelle $x = x_0$ eine Nullstelle, so kann der Faktor $(x - x_0)$ abgespalten werden, d. h. $f(x) = (x - x_0) \cdot g(x)$. Den Term $g(x)$ erhält man aus $f(x)$ durch Polynomdivision $f(x) : (x - x_0) = g(x)$.

---

n-fache Nullstelle
Kann man bei einer Funktion f den Faktor $(x - x_0)^n$ abspalten, so heißt x_0 eine n-fache Nullstelle.

Den charakteristischen Kurvenverlauf in der Umgebung einer n-fachen Nullstelle erkennt man an einfachen Beispielen:

n = 1: f(x) = x	**n = 2: g(x) = x²**	**n = 3: h(x) = x³**
einfache Nullstelle bei $x_1 = 0$	doppelte Nullstelle bei $x_{1;2} = 0$	dreifache Nullstelle bei $x_{1;2;3} = 0$
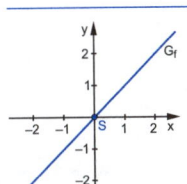	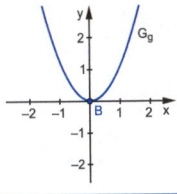	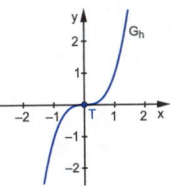
Schnittpunkt S mit der x-Achse (mit Vorzeichenwechsel)	Berührpunkt B mit der x-Achse (ohne Vorzeichenwechsel)	Terrassenpunkt T (vergl. Seite 37) auf der x-Achse (mit Vorzeichenwechsel)

Hinweis: Dieser jeweils charakteristische Kurvenverlauf liegt auch bei anderen Funktionen in der Umgebung einer Nullstelle mit entsprechender Vielfachheit vor.

Beispiel

1. Die Funktion f mit $f(x) = x^3 - 3x^2 + 4x - 2$ hat an der Stelle $x = 1$ eine Nullstelle, weil $f(1) = 0$ gilt. Polynomdivision:

$$(x^3 - 3x^2 + 4x - 2) : (x - 1) = x^2 - 2x + 2$$
$$\underline{-(x^3 - x^2)}$$
$$-2x^2 + 4x$$
$$\underline{-(-2x^2 + 2x)}$$
$$2x - 2$$
$$\underline{-(2x - 2)}$$
$$\underline{}$$

$\Rightarrow f(x) = x^3 - 3x^2 + 4x - 2 = (x - 1) \cdot (x^2 - 2x + 2)$

$x^2 - 2x + 2 = 0$ führt auf $D = 4 - 4 \cdot 2 = -4 < 0$.
$\Rightarrow$ Es gibt keine weiteren Nullstellen.

2. Gegeben ist die Funktion f mit $f(x) = \frac{1}{3}x^3 - x - \frac{2}{3}; x \in \mathbb{R}$.
   Bestimmen Sie die Nullstellen der Funktion f sowie deren Vielfachheit, und geben Sie den Funktionsterm vollständig faktorisiert an.

   Lösung:

   $$\frac{1}{3}x^3 - x - \frac{2}{3} = 0 \qquad |\cdot 3$$

   $$x^3 - 3x - 2 = 0$$

   1. Lösung durch Probieren: $x_1 = 2$
   Polynomdivision:

   $$(x^3 - 3x - 2) : (x - 2) = x^2 + 2x + 1$$
   $$\underline{-(x^3 - 2x^2)}$$
   $$2x^2 - 3x$$
   $$\underline{-(2x^2 - 4x)}$$
   $$x - 2$$
   $$\underline{-(x - 2)}$$
   $$\underline{}$$

   Weitere Nullstellen:
   $x^2 + 2x + 1 = 0; \ (x + 1)^2 = 0; \ x_{2;3} = -1$

Vielfachheiten der Nullstellen und ihre geometrische Bedeutung:

$x_1 = 2$:   einfache Nullstelle
$\Rightarrow$ G_f schneidet die x-Achse bei $x_1 = 2$.

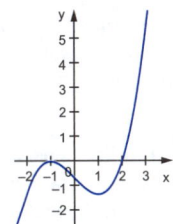

$x_{2;\,3} = -1$: doppelte Nullstelle
$\Rightarrow$ G_f berührt die x-Achse bei $x_{2;\,3} = -1$.

Linearfaktorzerlegung des Funktionsterms:

$f(x) = \frac{1}{3}(x-2)(x+1)^2$

1.5 Verkettung von Funktionen

Neue Funktionen werden gewonnen, wenn man eine Funktion in eine andere einsetzt.

Verketten zweier Funktionen
Das Verketten von zwei Funktionen g und h zu einer Funktion f entspricht dem Nacheinanderausführen der beiden Funktionszuordnungen. Dabei darf die Schnittmenge der Wertemenge von h und der Definitionsmenge von g nicht leer sein.
$g: x \mapsto g(x) \;\wedge\; h: x \mapsto h(x) \;\Rightarrow\; f: x \mapsto g(h(x))$
(Andere Schreibweise: $f(x) = (g \circ h)(x)$; gelesen: „h vor g")

Die Funktion g heißt **äußere Funktion**, die Funktion h **innere Funktion**. Man erhält den Wert des Funktionsterms an einer Stelle x_0, indem man zuerst $h(x_0)$ berechnet und dann diesen Wert in die Funktion g einsetzt.

Die Verkettung ist im Allgemeinen **nicht kommutativ**.

Beispiel

$g(x) = x + 1,\; D_g = W_g = \mathbb{R};\; h(x) = x^3 + 2,\; D_h = \mathbb{R} = W_h$

$f(x) = g(h(x)) = (x^3 + 2) + 1 = x^3 + 3$

$\tilde{f}(x) = h(g(x)) = (x+1)^3 + 2 = x^3 + 3x^2 + 3x + 3 \neq g(h(x))$

1.6 Funktionenscharen

Kann eine Formvariable in einer Funktionsgleichung mehrere Werte annehmen, so entstehen entsprechend auch mehrere Funktionen.

> **Funktionenschar**
> Enthält eine Funktionsgleichung neben der Gleichungsvariablen noch eine Formvariable (Parameter), so sprechen wir von einer Funktionenschar.

Beispiel

1. $f_a(x) = -\frac{1}{9}x^2 + \frac{2}{3}ax,\ a \in \mathbb{R}, D = \mathbb{R}$

   Es gilt z. B.:

   $$f_1(x) = -\frac{1}{9}x^2 + \frac{2}{3}x$$

   $$f_{-3}(x) = -\frac{1}{9}x^2 - 2x$$

   $$f_0(x) = -\frac{1}{9}x^2$$

   Für die Nullstellen der Funktion f_a erhält man:

   $f_a(x) = 0;\ -\frac{1}{9}x^2 + \frac{2}{3}ax = 0;\ x \cdot \left(-\frac{1}{9}x + \frac{2}{3}a\right) = 0$

   $x_1 = 0$ Nullstelle unabhängig von a

   $-\frac{1}{9}x + \frac{2}{3}a = 0;\ -\frac{1}{9}x = -\frac{2}{3}a;\ x_2 = 6a$

   Für die Anzahl und Vielfachheit der Nullstellen sind zwei Fälle zu unterscheiden:

   1. Fall: $a = 0$
   Für $a = 0$ erhält man $x_{1;\,2} = 0$ als doppelte Nullstelle der Funktion $f_0(x) = -\frac{1}{9}x^2$.

   2. Fall: $a \neq 0$
   Für $a \neq 0$ besitzt die Funktion f_a je eine einfache Nullstelle bei $x_1 = 0$ und bei $x_2 = 6a$.

2. Gegeben sind die reellen Funktionen f_k durch

$f_k(x) = \frac{1}{8}(x-4)^2 \cdot (x+k)$, $k \in \mathbb{R}$, $D = \mathbb{R}$.

Bestimmen Sie Lage, Anzahl und Vielfachheit der Nullstellen in Abhängigkeit von k.

Lösung:

$f_k(x) = 0$; $\frac{1}{8}(x-4)^2 \cdot (x+k) = 0$

1. Fall: $k = -4$

$f_{-4}(x) = \frac{1}{8}(x-4)^3 \implies$ eine dreifache Nullstelle bei
$$x_{1;2;3} = 4$$

2. Fall: $k \neq -4$
eine doppelte Nullstelle bei $x_{1;2} = 4$,
eine einfache Nullstelle bei $x_3 = -k$

1.7 Grenzwerte

Im Folgenden wird das Verhalten von Funktionen im Unendlichen untersucht, d. h. für $x \to \pm\infty$. Das Verhalten der Elementarfunktionen für $x \to \infty$ bzw. für $x \to -\infty$ ist aus dem „Katalog der Elementarfunktionen" bekannt und wird bei den folgenden Überlegungen vorausgesetzt.
Wie sieht das Verhalten bei zusammengesetzten Funktionen aus? Dabei helfen uns die **Grenzwertsätze**. Wie man sie auf das Verhalten einer Funktion für $x \to \infty$ bzw. für $x \to -\infty$ anwendet, zeigen die folgenden Beispiele. Die Berechnung des Grenzwertes wird durch die Betrachtung des Graphen überprüft.

Grenzwert einer Summe = Summe der Grenzwerte

$$\lim_{x \to \pm\infty} \big(f(x) + g(x)\big) = \lim_{x \to \pm\infty} f(x) + \lim_{x \to \pm\infty} g(x)$$

Beispiel

1. $\lim\limits_{x \to \infty} \left(\frac{1}{x} + \frac{2}{x^2} \right) = \lim\limits_{x \to \infty} \frac{1}{x} + \lim\limits_{x \to \infty} \frac{2}{x^2}$
$= 0 + 0 = 0$

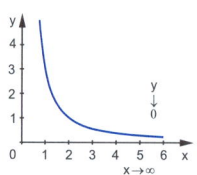

2. $\lim\limits_{x \to -\infty} \left(2 + \frac{1}{x^2} \right) = \lim\limits_{x \to -\infty} 2 + \lim\limits_{x \to -\infty} \frac{1}{x^2}$
$= 2 + 0 = 2$

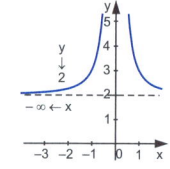

Grenzwert einer Differenz = Differenz der Grenzwerte
$$\lim\limits_{x \to \pm\infty} \big(f(x) - g(x)\big) = \lim\limits_{x \to \pm\infty} f(x) - \lim\limits_{x \to \pm\infty} g(x)$$

Beispiel

1. $\lim\limits_{x \to \infty} \left(\frac{1}{x} - \frac{x}{2} \right) = \lim\limits_{x \to \infty} \frac{1}{x} - \lim\limits_{x \to \infty} \frac{x}{2}$
$= 0 - \infty = -\infty$

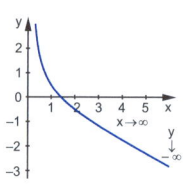

2. $\lim\limits_{x \to -\infty} \left(\frac{1}{x} - 1 \right) = \lim\limits_{x \to -\infty} \frac{1}{x} - \lim\limits_{x \to -\infty} 1$
$= 0 - 1 = -1$

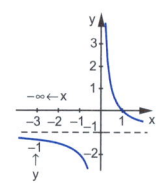

Grenzwert eines Produkts = Produkt der Grenzwerte

$$\lim_{x \to \pm\infty} (f(x) \cdot g(x)) = \lim_{x \to \pm\infty} f(x) \cdot \lim_{x \to \pm\infty} g(x)$$

Aus dem Grenzwertsatz für Produkte folgt, dass der Grenzwert einer Potenz gleich der Potenz des Grenzwertes ist.

Beispiel

1. $\lim\limits_{x \to -\infty} (x^2 + 2x) = \lim\limits_{x \to -\infty} x \cdot (x+2)$

   $\qquad\qquad\qquad = \lim\limits_{x \to -\infty} x \cdot \lim\limits_{x \to -\infty} (x+2)$

   $\qquad\qquad\qquad = (-\infty) \cdot (-\infty) = +\infty$

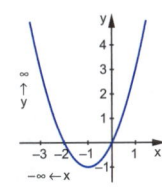

   Alternative Schreibweise:

   $x \to -\infty:\ x^2 + 2x = \underbrace{x}_{\to -\infty} \cdot \underbrace{(x+2)}_{\to -\infty} \to +\infty$

2. $\lim\limits_{x \to -\infty} (2^x - 1)^2 = \lim\limits_{x \to -\infty} (2^x - 1) \cdot \lim\limits_{x \to -\infty} (2^x - 1)$

   $\qquad\qquad\qquad\qquad = (-1) \cdot (-1) = 1$

   Der Grenzwert kann auch wie folgt berechnet werden:

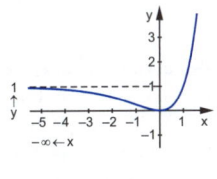

   $\lim\limits_{x \to -\infty} (2^x - 1)^2 = \left[\lim\limits_{x \to -\infty} (2^x - 1) \right]^2$

   $\qquad\qquad\qquad\quad = (-1)^2 = 1$

Prioritätsregel

Bei Produkten, bei denen ein Faktor eine Exponentialfunktion und der andere Faktor eine lineare oder quadratische Funktion ist, dominiert die Exponentialfunktion das Verhalten im Unendlichen.

Beispiel

$f(x) = (x^2 - x) \cdot e^{-x}$

$x \to +\infty:\ f(x) = \underbrace{(x^2 - x)}_{\to +\infty} \cdot \underbrace{e^{-x}}_{\to 0} \to 0$ (Prioritätsregel)

1.8 Stetigkeit

Stetigkeit ist allgemein die Eigenschaft, nicht sprunghaft abzulaufen. Diese Eigenschaft wird auf Funktionen übertragen und grafisch veranschaulicht.

Wir sehen uns bei zwei Beispielen den Verlauf der Graphen an der Stelle $x_0 = 1$ an.

$f_1(x) = x^2 + 1,$
$D_f = \mathbb{R}$

$f_2(x) = \begin{cases} x+1 & \text{für } x \geq 1 \\ x & \text{für } x < 1 \end{cases}$,
$D_f = \mathbb{R}$

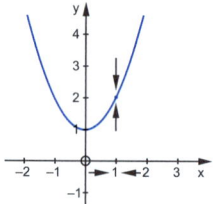

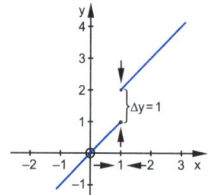

Bei der Funktion f_1 stellen wir fest, dass sich die Funktionswerte bei Annäherung von links und von rechts an $x_0 = 1$ immer mehr an den Funktionswert $f(1) = 2$ annähern. Der Graph reißt nicht ab, d. h., er kann durchgehend gezeichnet werden.
Die Funktion f_1 ist an der Stelle $x_0 = 1$ **stetig**.

Die Funktion f_2 hat an der Stelle $x_0 = 1$ eine endliche Sprungstelle mit $\Delta y = 1$. Der Graph reißt ab, d. h., er kann nicht durchgehend gezeichnet werden.
Die Funktion f_2 ist an der Stelle $x_0 = 1$ **unstetig**.

Hinweis: Die Funktion f_2 ist eine **abschnittsweise definierte Funktion**, d. h., für Teilintervalle des Definitionsbereichs sind verschiedene Funktionsterme gegeben.

Stetigkeit an der Stelle x_0

Eine Funktion f: $x \mapsto f(x)$ ist an der Stelle $x_0 \in D_f$ **stetig**, wenn sich bei Annäherung von links und bei Annäherung von rechts an den Wert x_0 jeweils der Wert $f(x_0)$ ergibt, d. h., wenn

$$\lim_{x \to x_0 - 0} f(x) = \lim_{x \to x_0 + 0} f(x) = f(x_0) \text{ gilt.}$$

Anmerkung: Jede ganzrationale Funktion ist stetig in $\mathbb{R}$.

Aus dem Verlauf stetiger Funktionsgraphen folgt:

Nullstellensatz

Wenn eine Funktion f in allen Punkten eines abgeschlossenen Intervalls $I = [a; b]$ stetig ist und die Funktionswerte an den Intervallgrenzen unterschiedliche Vorzeichen besitzen, dann muss die Funktion im Intervall I mindestens einmal die x-Achse schneiden, d. h., mindestens eine Nullstelle besitzen.

Veranschaulichung:
Hier gilt $f(a) > 0$ und $f(b) < 0$.

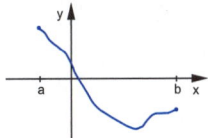

2 Differenzialrechnung bei ganzrationalen Funktionen

2.1 Steigung und Ableitung

Bei einer Funktion f interessiert man sich nicht nur für den Funktionswert an einer Stelle x_0, sondern auch dafür, welche Änderungstendenz die Funktion an dieser Stelle hat: Nimmt sie zu oder nimmt sie ab und wie „groß" ist diese Änderung?

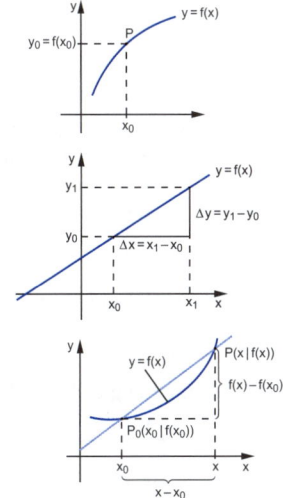

An der nebenstehenden Skizze erkennt man, dass die Steilheit, d. h. die Steigung des Graphen G_f an der Stelle x_0, ein geeignetes Maß dieser Änderungstendenz ist.

Den Begriff der Steigung kennen wir von der linearen Funktion, d. h. von der Geraden her.
Dort gilt:

$$m = \frac{y_1 - y_0}{x_1 - x_0} = \frac{f(x_1) - f(x_0)}{x_1 - x_0} = \frac{\Delta y}{\Delta x}$$

Bei einem gekrümmten Graphen können wir diesen zunächst durch ein Geradenstück, eine Sekante, ersetzen. Der Term

$$\frac{\Delta y}{\Delta x} = \frac{f(x) - f(x_0)}{x - x_0} = \frac{f(x_0 + h) - f(x_0)}{h}$$

heißt **Differenzenquotient**.

Die Steigung der Sekante nähert sich immer mehr der **Steigung der Tangente** an, wenn der Punkt P auf den Punkt P_0 zuwandert. Diese Tangentensteigung wird als **Steigung der Kurve** mit der Gleichung $y = f(x)$ im Punkt $P_0(x_0 | y_0)$ definiert.

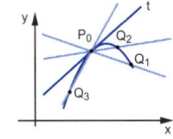

Ableitung

Der Grenzwert des Differenzenquotienten

$$m = \lim_{\Delta x \to 0} \frac{\Delta y}{\Delta x} = \lim_{x \to x_0} \frac{f(x) - f(x_0)}{x - x_0} = \lim_{h \to 0} \frac{f(x_0 + h) - f(x_0)}{h}$$

$$= f'(x_0)$$

heißt **Differenzialquotient**, wird mit $f'(x_0)$ bezeichnet und gibt die Steigung der Tangente und damit die Steigung der Kurve im Punkt $P_0(x_0 \mid f(x_0))$ an.

Die Funktion f heißt an der Stelle x_0 **differenzierbar** und $f'(x_0)$ heißt die Ableitung von f an der Stelle x_0.

Mit den einführenden Überlegungen erhalten wir jetzt:

Steigung und Gleichung der Tangente

Die Gleichung der **Tangente t** in einem Punkt $P_0(x_0 \mid f(x_0))$ bestimmt man wie folgt: Man wählt einen beliebigen Punkt $P(x \mid f(x))$ und bildet den Differenzenquotienten

$$\frac{\Delta y}{\Delta x} = \frac{f(x) - f(x_0)}{x - x_0}.$$

Die **Tangentensteigung** erhält man aus

$$m = \lim_{x \to x_0} \frac{\Delta y}{\Delta x} = f'(x_0).$$

Die **Tangentengleichung** durch den Punkt $P_0(x_0 \mid f(x_0))$ erhält man über t: $y = m \cdot (x - x_0) + y_0 \ \wedge \ m = f'(x_0)$.

Beispiel

Bestimmen Sie die Gleichung der Tangente t im Punkt $P_0(2 \mid 2)$ des Graphen der Funktion f mit $y = \frac{1}{2}x^2$.

Lösung:

Wir wählen einen beliebigen Punkt $P\left(x \mid \frac{1}{2}x^2\right)$ und bilden den Differenzenquotienten:

$$\frac{\Delta y}{\Delta x} = \frac{\frac{1}{2}x^2 - 2}{x - 2} = \frac{\frac{1}{2}(x - 2)(x + 2)}{x - 2} = \frac{1}{2}(x + 2)$$

Die Tangentensteigung erhält man als:

$$m = f'(2) = \lim_{x \to 2} \frac{\Delta y}{\Delta x} = 2$$

Damit lautet die gesuchte Tangentengleichung:

t: $y = 2 \cdot (x - 2) + 2 = 2x - 2$

Im Scheitel $S(0|0)$ der Parabel liegt eine waagrechte Tangente vor, d. h., die Steigung ist null. Es gilt also:

$f'(0) = 0 \ \wedge \ t: y = 0$

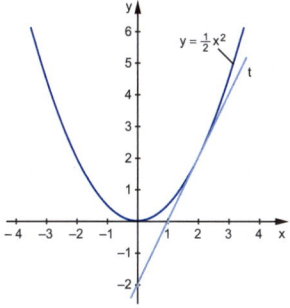

2.2 Ableitungsfunktion

Fragt man nicht nach der Steigung in einem bestimmten Punkt, sondern in einem beliebigen Punkt $P_0(x_0 | f(x_0))$, so wird jedem x_0 eindeutig eine Ableitung $f'(x_0)$ zugeordnet, die über

$$f'(x_0) = \lim_{x \to x_0} \frac{f(x) - f(x_0)}{x - x_0}$$

bestimmt wird. Diese Zuordnung ist eine Funktion. Wir legen fest:

> **Ableitungsfunktion**
> Die Funktion $f': x \mapsto f'(x)$, $x \in D_f$ heißt Ableitungsfunktion.

Für die Ableitungsfunktion kennt man die symbolische Schreibweise nach Leibniz:

$f'(x) = \lim\limits_{\Delta x \to 0} \frac{\Delta y}{\Delta x} = \frac{dy}{dx}$ \qquad Gelesen: „dy nach dx"

Eine weitere verbreitete Schreibweise ist:

$f'(x) = \frac{df(x)}{dx} = \frac{d}{dx} f(x)$ \qquad Gelesen: „df(x) nach dx"

Die Ableitungsfunktion einer zeitabhängigen Größe $s(t)$ wird mit einem Punkt bezeichnet:

$\dot{s}(t) = \frac{ds(t)}{dt} = \frac{d}{dt} s(t)$

Beispiel Wir haben auf Seite 26 die Steigung der Tangente (Ableitung) der
Funktion $f: x \mapsto f(x) = \frac{1}{2}x^2$ im Punkt $P_0(2 \mid 2)$ berechnet. Was
ergibt die Ableitung in einem beliebigen Punkt $P_0\left(x_0 \mid \frac{1}{2}x_0^2\right)$?

Lösung:

Wie bei der Berechnung der Ableitung verwenden wir einen
Punkt $P\left(x \mid \frac{1}{2}x^2\right) \in G_f$ und bilden den Grenzwert des Differenzenquotienten:

$$f'(x_0) = \lim_{x \to x_0} \frac{\frac{1}{2}x^2 - \frac{1}{2}x_0^2}{x - x_0} = \lim_{x \to x_0} \frac{\frac{1}{2}(x^2 - x_0^2)}{x - x_0}$$

$$= \lim_{x \to x_0} \frac{\frac{1}{2}(x - x_0)(x + x_0)}{x - x_0} = \lim_{x \to x_0} \frac{1}{2}(x + x_0) = x_0$$

$$\Rightarrow f'(x) = x$$

Analog erhält man:

Ableitungsfunktionen von Elementarfunktionen

1. $f(x) = c \wedge c \in \mathbb{R} \quad \Rightarrow \quad f'(x) = 0$

2. $f(x) = x \qquad\qquad \Rightarrow \quad f'(x) = 1$

3. $f(x) = x^2 \qquad\qquad \Rightarrow \quad f'(x) = 2x$

4. $f(x) = x^3 \qquad\qquad \Rightarrow \quad f'(x) = 3x^2$

5. Allgemein (Potenzregel):
   $f(x) = x^n \wedge n \in \mathbb{N} \Rightarrow \quad f'(x) = n \cdot x^{n-1}$

2.3 Ableitungsregeln

Im Allgemeinen setzen sich Funktionen, die in der Praxis benötigt werden, aus Elementarfunktionen zusammen. Zur Differenziation solcher Funktionen benötigen wir die folgenden Ableitungsregeln.

Wir gehen davon aus, dass die Funktionen $g: x \mapsto g(x)$ und
$h: x \mapsto h(x)$ in einem gemeinsamen Bereich differenzierbar sind.

Ableitung von Summe und Differenz zweier Funktionen
$f(x) = g(x) \pm h(x) \Rightarrow f'(x) = g'(x) \pm h'(x)$
Die Ableitung einer Summe (Differenz) ist gleich der Summe (Differenz) der Ableitungen.

$f(x) = x^3 + x^2 - x + 5 \Rightarrow f'(x) = 3x^2 + 2x - 1$

Beispiel

Ableitung einer Funktion mit konstantem Faktor
$f(x) = k \cdot g(x) \Rightarrow f'(x) = k \cdot g'(x)$
Der konstante Faktor bleibt erhalten.

$f(x) = 6x^3 + 2x^2 - 8x + 5 \Rightarrow f'(x) = 6 \cdot (3x^2) + 2 \cdot (2x) - 8 \cdot (1)$
$\qquad\qquad\qquad\qquad\qquad = 18x^2 + 4x - 8$

Beispiel

Produktregel
$f(x) = g(x) \cdot h(x) \Rightarrow f'(x) = g'(x) \cdot h(x) + g(x) \cdot h'(x)$

$f(x) = x^2 \cdot (2x^2 - 3x + 2)$
Mit der Produktregel:
$f'(x) = 2x \cdot (2x^2 - 3x + 2) + x^2 \cdot (4x - 3)$
$\qquad = 4x^3 - 6x^2 + 4x + 4x^3 - 3x^2 = 8x^3 - 9x^2 + 4x$

Direkt: nach Ausmultiplikation
$f(x) = x^2 \cdot (2x^2 - 3x + 2) = 2x^4 - 3x^3 + 2x^2$
$\Rightarrow f'(x) = 8x^3 - 9x^2 + 4x$

Beispiel

Kettenregel
$f(x) = g(h(x)) \Rightarrow f'(x) = g'(h(x)) \cdot h'(x)$

$f(x) = (x^2 + 1)^2$ mit $h(x) = x^2 + 1$ und $g(u) = u^2$
$f'(x) = 2 \cdot h(x) \cdot h'(x) = 2 \cdot (x^2 + 1) \cdot 2x = 4x \cdot (x^2 + 1) = 4x^3 + 4x$

Beispiel

Häufig ist die Ableitungsfunktion f' einer Funktion f wieder differenzierbar. Für die Ableitungsfunktion der Ableitungsfunktion f' schreibt man $(f'(x))' = f''(x)$ und nennt diese **Ableitungsfunktion 2. Ordnung** oder **2. Ableitung**. Wir legen fest:

> **Höhere Ableitungen**
> Die Ableitungsfunktion f' einer Funktion f wird als **1. Ableitung** bezeichnet.
> Ist auch f' differenzierbar, so erhält man die **2. Ableitung** f'' von f.
> Existiert die n-te Ableitung $f^{(n)}(x)$, dann heißt die Funktion f **n-mal differenzierbar**.

Beispiel

$f(x) = 2x^3 - \frac{1}{2}x^2 + 3x, \quad D_f = \mathbb{R}$
$f'(x) = 6x^2 - x + 3$
$f''(x) = 12x - 1$
$f'''(x) = 12$
$f^{(4)}(x) = 0$
usw.

2.4 Monotonie und Extremwerte

Wenn eine Funktion f in einem Punkt $P_0(x_0 \mid f(x_0))$ eine **positive** Tangentensteigung besitzt, dann gibt es eine Umgebung von x_0, in der f streng monoton **zunehmend (wachsend oder steigend)** ist.

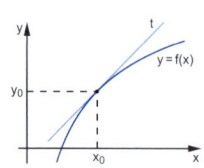

Es gilt:

> **Streng monoton zunehmende Funktion**
> $f'(x) > 0$ für $x \in \,]a; b[\;\Rightarrow\; f$ ist in $I = \,]a; b[$ streng monoton zunehmend.

Wenn eine Funktion in einem Punkt $P_0(x_0 \mid f(x_0))$ eine **negative** Tangentensteigung besitzt, dann gibt es eine Umgebung von x_0, in der f streng monoton **abnehmend (fallend)** ist.

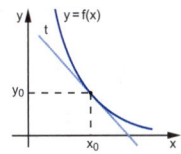

Es gilt:

Streng monoton abnehmende Funktion
$f'(x) < 0$ für $x \in\ ]a; b[\ \Rightarrow\ $ f ist in $I =]a; b[$ streng monoton abnehmend.

Für $\mathbf{f'(x_0) = 0}$ liegt bei $x = x_0$ eine **Stelle mit waagrechter (horizontaler) Tangente** vor. Für die Art einer Stelle mit waagrechter Tangente gibt es drei Möglichkeiten:

- Der Graph G_f einer in $x = x_0$ differenzierbaren Funktion f mit $f'(x_0) = 0$ besitzt bei x_0 einen **Hochpunkt (lokales Maximum)**, wenn f' an der Stelle x_0 das Vorzeichen vom Positiven ins Negative wechselt.

- Der Graph G_f einer in $x = x_0$ differenzierbaren Funktion f mit $f'(x_0) = 0$ besitzt bei x_0 einen **Tiefpunkt (lokales Minimum)**, wenn f' an der Stelle x_0 das Vorzeichen vom Negativen ins Positive wechselt.

- Der Graph G_f einer in $x = x_0$ differenzierbaren Funktion f mit $f'(x_0) = 0$ besitzt bei x_0 einen **Terrassenpunkt**, wenn f' an der Stelle x_0 das Vorzeichen nicht wechselt.

Hoch- und Tiefpunkte werden auch **Extremalpunkte** des Graphen einer Funktion oder **Extremwerte** der Funktion genannt.

Zur Berechnung der Extremwerte bildet man die 1. Ableitung und setzt diese gleich null, man löst also die Gleichung $f'(x_0) = 0$. Die sich ergebenden Nullstellen der 1. Ableitung werden auf Vorzeichenwechsel untersucht. Das Vorzeichen der 1. Ableitung erfasst man übersichtlich in einer **Vorzeichentabelle**.

Beispiel

1. Untersuchen Sie das Monotonieverhalten der Funktion f mit $f(x) = x^2 - 2x + 2$, $D_f = \mathbb{R}$, und geben Sie Lage und Art der Stelle mit waagrechter Tangente an.

   Lösung:
   $f'(x) = 2x - 2$; waagrechte Tangente für $f'(x) = 0$, d. h. für $x_0 = 1$.
   Vorzeichentabelle

x		1	
f'(x)	−	0	+
f(x)	↘	T	↗

   Die letzte Zeile beschreibt die Bedeutung des Vorzeichens von f' für den Graphen G_f:
   „↘" steht für streng monoton abnehmend.
   „↗" steht für streng monoton zunehmend.
   „T" steht für Tiefpunkt.

   Also gilt:
   f ist streng monoton zunehmend für $x > 1$
   und streng monoton abnehmend für $x < 1$.
   $\Rightarrow$ T(1|1) Tiefpunkt

   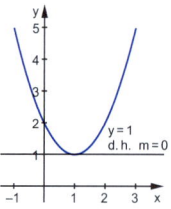

2. Bestimmen Sie die maximalen Monotonieintervalle der Funktion f mit $f(x) = x^3 - 3x^2$, $D_f = \mathbb{R}$, und ermitteln Sie die Koordinaten und die Art der Extremalpunkte des Graphen G_f.

   Lösung:
   $f'(x) = 3x^2 - 6x$;
   $f'(x) = 0 \Rightarrow 3x(x - 2) = 0 \Rightarrow x_1 = 0; x_2 = 2$
   Da f' eine nach oben geöffnete Parabel beschreibt, ergibt sich folgendes Vorzeichenverhalten:

x		0		2	
f'(x)	+	0	−	0	+
f(x)	↗	H	↘	T	↗

   „H" steht für Hochpunkt.

Also gilt:
f ist streng monoton zunehmend für $x \in \,]-\infty; 0]$ und für
$x \in [2; +\infty[$ und streng monoton abnehmend für $x \in [0; 2]$.

Hinweis: Die Randpunkte der Intervalle sind eingeschlossen,
da für sie die Monotoniebedingung (vergleiche Seite 5) noch
erfüllt ist.

Aus der Art des Vorzeichen-
wechsels an den Stellen mit
waagrechter Tangente ergibt
sich als Hochpunkt $H(0\,|\,0)$
und als Tiefpunkt $T(2\,|-4)$.

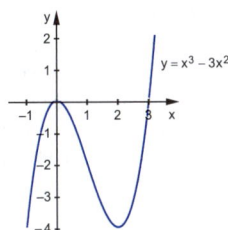

3. Untersuchen Sie das Monotonieverhalten und bestimmen Sie
    die Art der Stelle mit waagrechter Tangente für die Funktion f
    mit $f(x) = x^3 - 3x^2 + 3x$, $D_f = \mathbb{R}$.

    Lösung:
    $f'(x) = 3x^2 - 6x + 3$;
    $f'(x) = 0 \;\Rightarrow\; 3 \cdot (x-1)^2 = 0 \;\Rightarrow\; x_{1,2} = 1$

    Da f' eine nach oben geöffnete Parabel beschreibt, ergibt sich
    folgendes Vorzeichenverhalten:

x	1
f'(x)	+ 0 +
f(x)	↗ TEP ↗

„TEP" steht für Terrassenpunkt.

Also gilt:
f ist streng monoton zunehmend
in $D_f = \mathbb{R}$ mit dem Terrassenpunkt
$TEP(1\,|\,1)$.

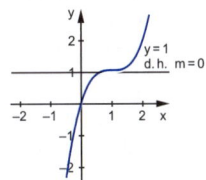

Hinweis: Ein Terrassenpunkt unterbricht das Monotonieverhalten nicht.

2.5 Krümmung und Wendepunkte

Die 2. Ableitung f" ist die 1. Ableitung der Ableitungsfunktion f'.
Die 2. Ableitung gibt folglich die Änderungstendenz der Steigung
an und damit das Krümmungsverhalten der Funktion f.

Krümmung
Der Graph G_f einer Funktion f heißt
im Intervall]a; b[**rechtsgekrümmt**,
wenn die Steigung der Tangente in
diesem Intervall streng monoton ab-
nimmt, **linksgekrümmt**, wenn sie
streng monoton zunimmt.
Es gilt:
$f''(x) < 0$ für $x \in I$ $\Rightarrow$
G_f ist in I rechtsgekrümmt
$f''(x) > 0$ für $x \in I$ $\Rightarrow$
G_f ist in I linksgekrümmt

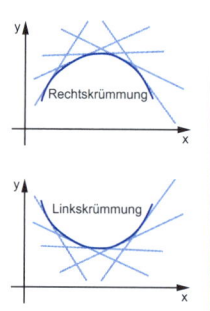

Interessant sind die Kurvenpunkte, in denen sich das Krümmungsverhalten ändert.

Wendepunkt
Ein Punkt, in dem der Graph G_f sein Krümmungsverhalten
ändert, d. h., sich von der Rechtskrümmung in die Linkskrümmung bzw. umgekehrt wendet, heißt **Wendepunkt**
oder **Wendestelle**.
Die Bedingung $f''(x) = 0$ ist dafür notwendig.

Beispiel Bestimmen Sie die maximalen Krümmungsintervalle der Funktion f mit $f(x) = x^3 - 3x^2$, $D_f = \mathbb{R}$, und ermitteln Sie die Koordinaten des Wendepunktes.

Lösung:
$f'(x) = 3x^2 - 6x$; $f''(x) = 6x - 6$;
$f''(x) = 0$ $\Rightarrow$ $x = 1$

Auch für die 2. Ableitung lässt sich das Vorzeichenverhalten übersichtlich in einer Vorzeichentabelle erfassen:

x	1		
f''(x)	–	0	+
f(x)	Rechtskr.	W	Linkskr.

„W" steht für Wendepunkt.

Also gilt:
G_f ist rechtsgekrümmt für $x \in \,]-\infty; 1]$ und
linksgekrümmt für $x \in [1; +\infty[$.
Wegen des Krümmungswechsels gilt:
Wendepunkt $W(1|-2)$

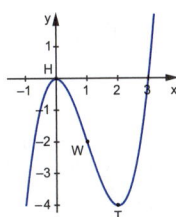

Aus dem Krümmungsverhalten einer Funktion kann man auch auf die Art eines Extremwertes schließen. Ausreichende Erkennungsmerkmale für Extrempunkte ergeben sich aus den Bildern auf der vorangehenden Seite.

Extremwerte
$f'(x_0) = 0 \;\wedge\; f''(x_0) > 0$
$\Rightarrow$ f hat für $x = x_0$ ein **lokales Minimum** (G_f hat einen Tiefpunkt), weil eine waagrechte Tangente und Linkskrümmung vorliegen.
$f'(x_0) = 0 \;\wedge\; f''(x_0) < 0$
$\Rightarrow$ f hat für $x = x_0$ ein **lokales Maximum** (G_f hat einen Hochpunkt), weil eine waagrechte Tangente und Rechtskrümmung vorliegen.

Bei der Funktion f mit $f(x) = x^3 - 3x^2$, $D_f = \mathbb{R}$, liegen die Extrempunkte bei $x = 0$ bzw. $x = 2$.

Beispiel

Die 2. Ableitung $f''(x) = 6x - 6$ liefert:
$f''(0) = -6 < 0 \;\Rightarrow\;$ Hochpunkt $H(0|0)$ bzw.
$f''(2) = 6 > 0 \;\Rightarrow\;$ Tiefpunkt $T(2|-4)$

Zum Nachweis eines Wendepunktes muss außer der Bedingung
$f''(x) = 0$ ein Wechsel der Krümmung, d. h. ein Wechsel des Vorzeichens von f'', nachgewiesen werden. Das ist dann der Fall,
wenn die Nullstelle der 2. Ableitung eine einfache Nullstelle ist.
Es gilt:

Wendepunkt
$f''(x_0) = 0 \ \wedge \ f'''(x_0) \neq 0$
$\Rightarrow$ f hat für $x = x_0$ einen Wendepunkt.
Die Bedingung $f'''(x_0) \neq 0$ stellt sicher, dass f'' an der Stelle x_0
das Vorzeichen ändert.
Wegen $f''(x_0) = (f'(x_0))' = 0$ folgt, dass die Steigung des Graphen im Wendepunkt im Allgemeinen einen Extremwert besitzt, d. h., sie ist dort dem Betrag nach relativ am größten.
Der Wendepunkt ist die steilste Stelle des Graphen im Ver-
gleich zur Umgebung.

Beispiel

Bei der Funktion f mit $f(x) = x^3 - 3x^2$,
$D_f = \mathbb{R}$, folgt aus $f''(x) = 6x - 6$:
$f''(x_0) = 0$
$\Rightarrow$ $x = 1$ ist einfache Nullstelle
$\Rightarrow$ Wendestelle mit $f(1) = -2$
$\Rightarrow$ $W(1 \,|\, -2)$ ist ein Wendepunkt des
    Graphen.

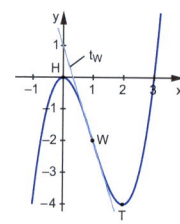

Die Tangente des Graphen G_f einer Funktion f in einem Wendepunkt heißt **Wendetangente t_W**.

Beispiel

Bei der Funktion f mit $f(x) = x^3 - 3x^2$, $D_f = \mathbb{R}$, gilt:
$f'(1) = -3 \ \Rightarrow \ t_W: y = -3 \cdot (x - 1) - 2 = -3x + 1$

Da sich in einem Terrassenpunkt das Krümmungsverhalten zwangsläufig ändern muss, ist ein Terrassenpunkt immer auch ein Wendepunkt. Zusätzlich ist die Tangente an G_f hier waagrecht. Es gilt:

Terrassenpunkt
$f'(x_0) = 0 \land f''(x_0) = 0 \land f'''(x_0) \neq 0$
$\Rightarrow$ f hat für $x = x_0$ einen Terrassenpunkt.

Beispiel

Für $f(x) = \frac{1}{3}x^3 + 1$, $D_f = \mathbb{R}$ mit
$f'(x) = x^2$, $f''(x) = 2x$, $f'''(x) = 2$
folgt:
$f'(0) = 0 \land f''(0) = 0 \land f'''(0) \neq 0$
Also ist der Punkt $P(0|1)$ ein Terrassenpunkt des Graphen G_f und $y = 1$ ist Wendetangente.

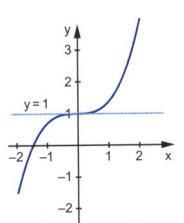

Mithilfe der Funktionsgleichung und ihrer Ableitungen kann die Problematik des Schneidens und des Berührens zweier Graphen einfach beschrieben werden.

Schnitt und Berührung
Liegt ein Punkt $P_0(x_0|y_0)$ auf den Graphen G_f und G_g der Funktionen f und g, so ist er **Schnittpunkt**, falls die Funktionswerte $f(x_0)$ und $g(x_0)$ übereinstimmen, d. h. $f(x_0) = g(x_0)$ (aber $f'(x_0) \neq g'(x_0)$).

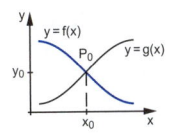

Ein Punkt $P_0(x_0|y_0)$ heißt **Berührpunkt** (doppelt zu zählender Schnittpunkt), falls dort sowohl die Funktionswerte als auch die Werte der ersten Ableitungen übereinstimmen, d. h. $f(x_0) = g(x_0)$ und $f'(x_0) = g'(x_0)$

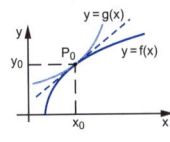

Ein Punkt $P_0(x_0 \,|\, y_0)$ heißt **durchdringender Berührpunkt** (dreifach zu zählender Schnittpunkt), falls dort die Funktionswerte und die Werte der ersten und der zweiten Ableitungen übereinstimmen, d. h. $f(x_0) = g(x_0)$, $f'(x_0) = g'(x_0)$ und $f''(x_0) = g''(x_0)$ gilt.

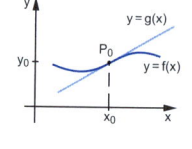

Die Wendetangente durchdringt im Wendepunkt den Graphen berührend.

Wenn bei zwei Funktionen f und g an der Stelle x_0 die Steigungen übereinstimmen (d. h. $f'(x_0) = g'(x_0)$), nicht aber die Funktionswerte (d. h. $f(x_0) \neq g(x_0)$), dann besitzen die Graphen dort **echt parallele Tangenten**.

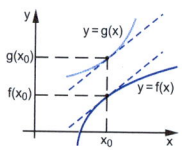

Beispiel

Zeigen Sie, dass sich die Graphen der Funktionen f mit

$$f(x) = -\tfrac{1}{8}(x^3 - 12x^2 + 32x) \text{ und p mit } p(x) = \tfrac{1}{4}x^2 - 4; \; x \in \mathbb{R}$$

in einem Punkt S schneiden und in einem Punkt B berühren und ermitteln Sie die Koordinaten dieser Punkte.

Lösung:

Die x-Koordinaten der gemeinsamen Punkte erhält man durch Gleichsetzen der Funktionsterme und Lösen der entstehenden Gleichung:

$$-\tfrac{1}{8}(x^3 - 12x^2 + 32x) = \tfrac{1}{4}x^2 - 4 \qquad | \cdot (-8)$$

$$x^3 - 12x^2 + 32x = -2x^2 + 32$$

$$x^3 - 10x^2 + 32x - 32 = 0$$

1. Lösung durch Probieren: $x_1 = 2$

$$(x^3 - 10x^2 + 32x - 32) : (x - 2) = x^2 - 8x + 16$$
$$\underline{-(x^3 - 2x^2)}$$
$$-8x^2 + 32x \qquad\qquad x^2 - 8x + 16 = 0$$
$$\underline{-(-8x^2 + 16x)} \qquad\qquad (x - 4)^2 = 0$$
$$16x - 32 \qquad\qquad x_{2;3} = 4$$
$$\underline{-(16x - 32)}$$
$$0$$

Da $x_1 = 2$ eine **einfache Lösung** dieser Gleichung ist, liegt dort ein **Schnittpunkt** vor, da $x_{2;3} = 4$ eine **Doppellösung** ist, liegt dort ein **Berührpunkt** vor.

Die Eigenschaft der Berührung kann auch dadurch nachgewiesen werden, dass man zeigt, dass beide Graphen an der Stelle $x = 4$ dieselbe Steigung besitzen:

$$f'(x) = -\tfrac{1}{8}(3x^2 - 24x + 32); \quad f'(4) = 2$$
$$p'(x) = \tfrac{1}{2}x; \qquad\qquad\qquad p'(4) = 2$$

Die y-Werte der gemeinsamen Punkte findet man durch Einsetzen der x-Werte in den einfacheren der beiden Funktionsterme:

$p(4) = 0 \quad \Rightarrow$ Berührpunkt $B(4 \mid 0)$
$p(2) = -3 \quad \Rightarrow$ Schnittpunkt $S(2 \mid -3)$

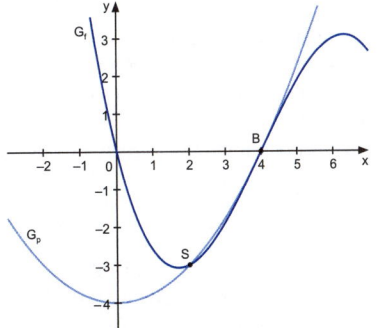

2.6 Kriterien der Kurvendiskussion

Die folgenden Merkmale von Kurven (Funktionsgraphen) werden bei Kurvendiskussionen, häufig in kleinschrittiger Aufgabenstellung, abgefragt.

1. **Definitionsmenge D**

   Es handelt sich um die Menge $\mathbb{R}$ bzw. um eine Teilmenge von $\mathbb{R}$, die diejenigen Zahlen enthält, die für x eingesetzt werden dürfen.

   Maximale Definitionsmengen können nur bei Bruchtermen eingeschränkt sein.

2. **Symmetrie**

   Man muss erkennen:

   Achsensymmetrie zur y-Achse: $f(-x) = f(x)$

   Punktsymmetrie zum Ursprung: $f(-x) = -f(x)$

3. **Schnittpunkte mit den Koordinatenachsen**

   x-Achse: $y = f(x) = 0 \Rightarrow$ Lösungen x_1, x_2 usw. (Nullstellen) $\Rightarrow$ Punkte $N_1(x_1 | 0)$, $N_2(x_2 | 0)$ usw.

   y-Achse: $x = 0$: $y = f(0) \Rightarrow$ Punkt $T(0 | f(0))$

4. **Verhalten im Unendlichen**

   Die Grenzwerte $\lim\limits_{x \to \infty} f(x)$ bzw. $\lim\limits_{x \to -\infty} f(x)$ können gefragt sein.

5. **Monotonie und Extremwerte**

   Monotonie:

   f ist streng monoton zunehmend, wenn $f'(x) > 0$ gilt.

   f ist streng monoton abnehmend, wenn $f'(x) < 0$ gilt.

   $f'(x) = 0$ lösen. Das Vorzeichenverhalten von f' wird übersichtlich in einer Vorzeichentabelle erfasst. Daraus ergeben sich auch Hoch-, Tief- und Terrassenpunkte. Berechnung des y-Wertes nicht vergessen!

   Extremwerte:

   $f'(x) = 0$ lösen. Dann gilt:

   $f'(x_0) = 0 \wedge f''(x_0) < 0$:   Graph G_f besitzt einen Hochpunkt (relatives Maximum) $H(x_0 | f(x_0))$

   $f'(x_0) = 0 \wedge f''(x_0) > 0$:   Graph G_f besitzt einen Tiefpunkt (relatives Minimum) $T(x_0 | f(x_0))$

6. **Krümmung und Wendepunkte**

Krümmung:

Der Graph G_f ist linksgekrümmt, wenn $f''(x) > 0$ gilt.

Der Graph G_f ist rechtsgekrümmt, wenn $f''(x) < 0$ gilt.

$f''(x) = 0$ lösen. Das Vorzeichenverhalten von f'' wird übersichtlich in einer Vorzeichentabelle erfasst. Daraus ergeben sich auch die Wendepunkte. Berechnung des y-Wertes nicht vergessen!

Wendepunkte:

$f''(x) = 0$ lösen. Dann gilt:

$f''(x_0) = 0 \ \wedge \ f'''(x_0) \neq 0$ (oder: einfache Nullstelle):

Graph G_f besitzt einen Wendepunkt $W(x_0 \,|\, f(x_0))$

Wendetangente = Tangente im Wendepunkt

Terrassenpunkt = Wendepunkt mit waagrechter Tangente,

d. h. $f'(x_0) = 0 \ \wedge \ f''(x_0) = 0 \ \wedge \ f'''(x_0) \neq 0$

$\Rightarrow$ Terrassenpunkt $TEP(x_0 \,|\, f(x_0))$

7. **Wertemenge, Wertetabelle, Graph**

Die Wertemenge W_f ergibt sich aus den Eigenschaften 2–6. Eine Wertetabelle aller ganzzahligen x-Werte erleichtert die Zeichnung des Graphen G_f. Dazu werden alle Ergebnisse aus 1–6 verwendet und vorab eingezeichnet bzw. markiert.

2.7 Diskussion ganzrationaler Funktionen

Wird in einer Aufgabe allgemein verlangt, eine Funktion zu diskutieren, sollten alle sieben Punkte im Abschnitt 2.6 Schritt für Schritt abgearbeitet werden.

Diskutieren Sie die Funktion f mit $f(x) = \frac{1}{12}x^3 - x^2 + 3x$.

Beispiel

Lösung:

Definitionsmenge:

Bei allen ganzrationalen Funktionen gilt: $D_f = \mathbb{R}$

Symmetrie:

Es ist keine Symmetrie zur y-Achse bzw. zum Ursprung erkennbar, da der Funktionsterm gerade und ungerade Potenzen von x enthält (vgl. Seite 14).

Schnittpunkte mit den Koordinatenachsen:
x-Achse: $y = f(x) = 0$:

$$\frac{1}{12}x^3 - x^2 + 3x = 0$$

$$\frac{1}{12}x(x^2 - 12x + 36) = 0$$

$$\frac{1}{12}x(x-6)^2 = 0$$

$\Rightarrow$ $x_1 = 0 \;\wedge\; x_2 = 6$ (**doppelte Nullstelle = Berührung der x-Achse**)

$\Rightarrow$ $N_1(0|0), N_2(6|0)$

y-Achse: Da es nur einen Schnittpunkt mit der y-Achse gibt, muss es der Punkt $N_1(0|0)$ sein.

Verhalten im Unendlichen:
$$\lim_{x \to \infty} f(x) = \infty \;\wedge\; \lim_{x \to -\infty} f(x) = -\infty \;\Rightarrow\; W_f = \mathbb{R}$$

Extremwerte und Wendepunkte:
$$f'(x) = \frac{1}{4}x^2 - 2x + 3; \quad f''(x) = \frac{1}{2}x - 2$$

$f'(x) = 0$: $\frac{1}{4}x^2 - 2x + 3 = 0$

$$x_{1;2} = \frac{1}{\frac{1}{2}}\left(2 \pm \sqrt{4-3}\right) = 2(2 \pm 1)$$

$$x_1 = 2 \;\vee\; x_2 = 6$$

$f(2) = \frac{8}{3} \;\wedge\; f''(2) = -1 < 0 \;\Rightarrow\;$ Hochpunkt $H\left(2 \,\Big|\, \frac{8}{3}\right)$

$f(6) = 0 \;\wedge\; f''(6) = 1 > 0 \;\Rightarrow\;$ Tiefpunkt $T(6|0)$

Oder mit einer Vorzeichentabelle:

x		2		6	
f'(x)	+	0	–	0	+
f(x)	↗	H	↘	T	↗

$\Rightarrow$ f ist streng monoton zunehmend für $x \in \,]-\infty; 2]$ und für $x \in [6; +\infty[$ und streng monoton abnehmend für $x \in [2; 6]$.

$\Rightarrow$ Extrema wie oben.

$f''(x) = 0$: $\frac{1}{2}x - 2 = 0 \;\Rightarrow\; x = 4 \;\wedge\;$ einfache Nullstelle

$\Rightarrow$ Wendepunkt

$f(4) = \frac{4}{3} \;\Rightarrow\; W\left(4 \,\Big|\, \frac{4}{3}\right)$ Wendepunkt

Gleichung der Wendetangente t_W:

$f'(4) = -1$

$t_W: y = -1 \cdot (x-4) + \frac{4}{3} = -x + \frac{16}{3}$

Wertetabelle und Graph:

x	–1	0	1	2	3	4	5	6	7	8
f(x)	–4,08	0	2,08	2,67	2,25	1,33	0,42	0	0,58	2,67

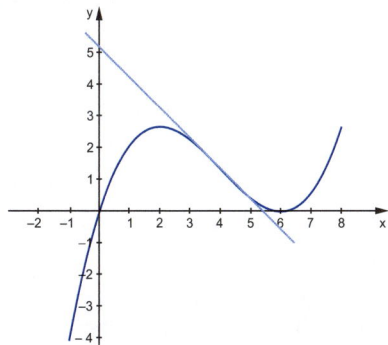

In kompetenzorientierten Aufgabenstellungen finden sich oft nur einzelne, gezielte Fragen zur Kurvendiskussion. Dabei können auch Parameter auftreten.

Gegeben sind die quadratischen Funktionen $p_k: x \mapsto \frac{1}{2}x^2 - kx$; $x \in \mathbb{R}$ mit $k \in \mathbb{R} \setminus \{0\}$. Ihre Graphen sind die Parabeln P_k.

Beispiel

a) Zeigen Sie, dass die Scheitelpunkte aller Parabeln P_k unterhalb der x-Achse liegen.

b) Weisen Sie nach, dass sich die Tangenten an P_k an der Stelle $x = 1$ auf der y-Achse schneiden.

Lösung:

a) Für die x-Koordinate des Scheitels einer Parabel mit der Funktionsgleichung $y = ax^2 + bx + c$ gilt:

$x_S = \frac{-b}{2a}$

Damit erhält man in diesem Beispiel:

$$x_S = \frac{-(-k)}{2 \cdot \frac{1}{2}} = k$$

Oder: $p_k'(x) = x - k$; $p_k'(x) = 0$; $x - k = 0$; $x = k$

Die y-Koordinate y_S erhält man durch Einsetzen:

$$y_S = p_k(k) = \frac{1}{2}k^2 - k \cdot k = -\frac{1}{2}k^2 < 0 \text{ für } k \in \mathbb{R} \setminus \{0\}$$

Damit liegen alle Scheitelpunkte der Parabeln P_k unterhalb der x-Achse.

b) $p_k'(x) = x - k$; $p_k'(1) = 1 - k$

$p_k(1) = \frac{1}{2} - k$

Tangente: $y = (1-k) \cdot (x-1) + \frac{1}{2} - k$

$\qquad\qquad y = (1-k) \cdot x - 1 \cdot (1-k) + \frac{1}{2} - k$

$\qquad\qquad y = (1-k) \cdot x - 1 + k + \frac{1}{2} - k$

$\qquad\qquad y = (1-k) \cdot x - \frac{1}{2}$

Damit verlaufen die Tangenten an die Parabeln P_k an der Stelle $x = 1$ durch den Punkt $S\left(0 \mid -\frac{1}{2}\right)$ auf der y-Achse.

2.8 Graphen ganzrationaler Funktionen dritten und vierten Grades

Grad 3: $f(x) = ax^3 + bx^2 + cx + d$

Die 1. Ableitungsfunktion $f'(x) = 3ax^2 + 2bx + c$ ist eine quadratische Funktion. Die Stellen mit waagrechter Tangente erhält man aus dem Ansatz $f'(x) = 0$. Daraus ergibt sich die Diskriminante $D = 4b^2 - 12ac$, die mit ihrem Vorzeichen über die Anzahl der Stellen mit waagrechter Tangente entscheidet. Somit sind **drei mögliche Graphen** zu unterscheiden:

1. Fall: $D > 0$	**2. Fall:** $D = 0$	**3. Fall:** $D < 0$
Zwei Stellen mit waagrechter Tangente	Eine Stelle mit waagrechter Tangente	Keine Stelle mit waagrechter Tangente
Der Graph besitzt einen Hochpunkt, einen Tiefpunkt und einen Wendepunkt. Je nach Lage zur x-Achse kann f eine bis drei Nullstellen besitzen.	Der Graph besitzt einen Terrassenpunkt und eine Nullstelle.	Der Graph besitzt einen Wendepunkt und eine Nullstelle.

Bemerkungen:
- Bei den hier dargestellten Beispielen besitzen die Funktionsterme einen positiven Leitkoeffizient, daher verlaufen die Graphen vom 3. Quadranten in den 1. Quadranten. Bei negativem Leitkoeffizient ergibt sich der jeweils entsprechende Kurvenverlauf vom 2. Quadranten in den 4. Quadranten.
- Da $f''(x) = 6ax + 2b$ als lineare Funktion immer genau eine Nullstelle mit Vorzeichenwechsel besitzt, hat der Graph einer Funktion vom Grad 3 immer genau einen Wendepunkt.
- Da der Graph einer Funktion 3. Grades entweder vom 3. in den 1. Quadranten verläuft oder vom 2. in den 4. Quadranten, hat eine Funktion vom Grad 3 immer mindestens eine Nullstelle.

Grad 4: $f(x) = ax^4 + bx^3 + cx^2 + dx + e$

Die 1. Ableitungsfunktion $f'(x) = 4ax^3 + 3bx^2 + 2cx + d$ ist eine Funktion 3. Grades und besitzt mindestens eine und höchstens drei Nullstellen. Damit hat eine Funktion 4. Grades mindestens eine und höchstens drei Stellen mit waagrechter Tangente. Es sind **drei mögliche Graphen** zu unterscheiden:

1. Fall: f' hat drei verschiedene Nullstellen.	**2. Fall:** f' hat zwei Nullstellen (davon eine doppelt).	**3. Fall:** f' hat eine Nullstelle.
Der Graph besitzt drei Extremalpunkte und zwei Wendepunkte. Je nach Lage zur x-Achse kann f keine bis vier Nullstellen besitzen.	Der Graph besitzt einen Extremalpunkt und einen Terrassenpunkt. Je nach Lage zur x-Achse kann f keine bis zwei Nullstellen besitzen.	Der Graph besitzt einen Extremalpunkt und keinen oder zwei Wendepunkte. Je nach Lage zur x-Achse kann f keine bis zwei Nullstellen besitzen.

Bemerkung:
Bei den hier dargestellten Beispielen besitzen die Funktionsterme einen positiven Leitkoeffizient, daher verlaufen die Graphen vom 2. Quadranten in den 1. Quadranten. Bei negativem Leitkoeffizient ergibt sich der jeweils entsprechende Kurvenverlauf vom 3. Quadranten in den 4. Quadranten.

2.9 Ganzrationale Funktionen mit vorgegebenen Eigenschaften

Bestimmte Eigenschaften von Punkten auf Funktionsgraphen kann man in Gleichungen zum Aufstellen von ganzrationalen Funktionen umsetzen. Die ganzrationale Funktion n-ten Grades hat die Form $f(x) = a_n x^n + a_{n-1} x^{n-1} + \ldots + a_2 x^2 + a_1 x + a_0$. Dabei ist durch $n+1$ Bedingungen eine solche ganzrationale Funktion (höchstens) n-ten Grades festgelegt. Es gelten:

Eigenschaften zum Aufstellen von Funktionsgleichungen

Punkt $P(x_0 | y_0) \in G_f \Rightarrow$ $\qquad\qquad$ $f(x_0) = y_0$

Steigung m im Punkt $P(x_0 | y_0) \in G_f \Rightarrow$ $\quad$ 1. $f(x_0) = y_0$
$\qquad\qquad\qquad\qquad\qquad\qquad\qquad$ 2. $f'(x_0) = m$

Hoch-/Tiefpunkt $P(x_0 | y_0) \in G_f \Rightarrow$ $\quad$ 1. $f(x_0) = y_0$
$\qquad\qquad\qquad\qquad\qquad\qquad\qquad$ 2. $f'(x_0) = 0$

Wendepunkt $P(x_0 | y_0) \in G_f \Rightarrow$ $\quad$ 1. $f(x_0) = y_0$
$\qquad\qquad\qquad\qquad\qquad\qquad\qquad$ 2. $f''(x_0) = 0$

Terrassenpunkt $P(x_0 | y_0) \in G_f \Rightarrow$ $\quad$ 1. $f(x_0) = y_0$
$\qquad\qquad\qquad\qquad\qquad\qquad\qquad$ 2. $f'(x_0) = 0$
$\qquad\qquad\qquad\qquad\qquad\qquad\qquad$ 3. $f''(x_0) = 0$

---

1. Bestimmen Sie die Gleichung der ganzrationalen Funktion 3. Grades, deren Graph G_f im Punkt $N(-2 | 0)$ die x-Achse schneidet und für $x_0 = 0$ einen Wendepunkt mit der Wendetangente t_W: $y = \frac{1}{3}x + 2$ besitzt.

Beispiel

Lösung:
Man stellt die allgemeine Funktion 3. Grades auf und bildet die 1. und 2. Ableitung:
$f(x) = ax^3 + bx^2 + cx + d$
$f'(x) = 3ax^2 + 2bx + c$
$f''(x) = 6ax + 2b$

Man benötigt vier Bedingungen, um die Funktion festlegen zu können. Neben $N \in G_f$ erhält man aus der Angabe über

Wendepunkt und Wendetangente drei Bedingungen, nämlich $W \in t_W$ und damit $y_W = 2$, die Steigung im Wendepunkt ist $\frac{1}{3}$ und die 2. Ableitung hat für $x_0 = 0$ den Wert 0.

(1) $f(-2) = 0$: $-8a + 4b - 2c + d = 0$

(2) $f(0) = 2$: $\qquad\qquad\qquad d = 2$

(3) $f'(0) = \frac{1}{3}$: $\qquad\qquad c \qquad = \frac{1}{3}$

(4) $f''(0) = 0$: $\qquad\quad 2b \qquad\quad = 0$

Damit sind bereits drei Variable bekannt:

$b = 0$, $c = \frac{1}{3}$ und $d = 2$

In (1) eingesetzt erhält man:

$-8a - \frac{2}{3} + 2 = 0 \;\Rightarrow\; 8a = \frac{4}{3} \;\Rightarrow\; a = \frac{1}{6}$

$\Rightarrow\; f(x) = \frac{1}{6}x^3 + \frac{1}{3}x + 2$

2. Bestimmen Sie die Gleichung der ganzrationalen Funktion 3. Grades, deren Graph G_f punktsymmetrisch zum Ursprung ist und in $T(-2 \mid -4)$ einen Tiefpunkt besitzt.

Lösung:

Wenn in $f(x) = ax^3 + bx^2 + cx + d$ gelten soll: $f(-x) = f(x)$, dann muss $b = d = 0$ sein.

$f(x) = ax^3 + cx$

$f'(x) = 3ax^2 + c$

Bedingungen:

(1) $f(-2) = -4$: $\quad -8a - 2c = -4$

$\underline{\begin{array}{llll} (2) & f'(-2) = 0: & 12a + c = 0 & \mid \cdot 2 \\ & (1) + (2): 16a & = -4 & \end{array}} \;\Rightarrow\; a = -\frac{1}{4}$

$\qquad\qquad$ in (2): $\qquad\quad c = -12a = 3$

$\Rightarrow\; f(x) = -\frac{1}{4}x^3 + 3x$

3. Bestimmen Sie die Gleichung der ganzrationalen Funktion 4. Grades, deren Graph G_f im Punkt $W(0 \mid -3)$ einen Terrassenpunkt besitzt und dessen Tangente im Punkt $P\left(1 \mid -\frac{8}{3}\right)$ parallel zur Geraden g mit der Gleichung $y = \frac{8}{9}x + 1$ ist.

Lösung:

$f(x) = ax^4 + bx^3 + cx^2 + dx + e$

$f'(x) = 4ax^3 + 3bx^2 + 2cx + d$

$f''(x) = 12ax^2 + 6bx + 2c$

Mit den Kriterien zur Kurvendiskussion erhält man die benötigten fünf Gleichungen, drei aus dem Terrassenpunkt, eine durch Einsetzen des Punktes P und eine durch die Steigung der Parallelen zur Tangente im Punkt P (vergleiche Seite 38).

(1) $f(0) = -3$: $\quad\quad\quad\quad\quad\quad\quad e = -3 \;\Rightarrow\; e = -3$

(2) $f'(0) = 0$: $\quad\quad\quad\quad\quad d = 0 \;\Rightarrow\; d = 0$

(3) $f''(0) = 0$: $\quad\quad\quad 2c \quad\quad = 0 \;\Rightarrow\; c = 0$

(4) $f(1) = -\frac{8}{3}$: $\; a + b + c + d + e = -\frac{8}{3}$

(5) $f'(1) = \frac{8}{9}$: $4a + 3b + 2c + d \quad = \frac{8}{9}$

Es verbleiben folgende Gleichungen:

(6) $\quad\quad\quad a + b - 3 = -\frac{8}{3}$

(7) $\quad\quad 4a + 3b \quad = \frac{8}{9}$

_____

(6) $\quad\quad\quad a + b \quad = \frac{1}{3}$

(7) $\quad\quad 4a + 3b \quad = \frac{8}{9}$

_____

$(7) - 3 \cdot (6) \quad\quad a = \frac{8}{9} - 1 \;\Rightarrow\; a = -\frac{1}{9}$

in (6): $\quad\quad\quad b = \frac{1}{3} + \frac{1}{9} \;\Rightarrow\; b = \frac{4}{9}$

$\Rightarrow\; f(x) = -\frac{1}{9}x^4 + \frac{4}{9}x^3 - 3$

2.10 Extremwert- und Anwendungsaufgaben

Bei Extremwertaufgaben werden bestimmte Sachverhalte auf größte bzw. kleinste Werte untersucht. Um dies mithilfe der Differenzialrechnung ausführen zu können, benötigen wir für den Sachverhalt eine **Zielfunktion**, deren Definitionsmenge durch die Aufgabenstellung festgelegt ist. Verwendet wird im Wesentlichen der **Extremwertsatz** stetiger Funktionen.

Extremwertsatz
Jede in einem abgeschlossenen Intervall $I = [a;\ b]$ stetige
Funktion f ist in I beschränkt und nimmt dort ihr absolutes
Maximum bzw. Minimum an. Diese Werte können auch in
den Randpunkten auftreten.

Beispiel

1. Ein Rechteck mit den Seiten a und b hat den
   Umfang u.
   Für welche Seitenlängen a, b wird der
   Flächeninhalt A des Rechtecks maximal?

Lösung:
Die Größe, die optimiert werden soll, ist die Fläche $A = a \cdot b$.
Diese ist eine Funktion von zwei Variablen, die durch die
Nebenbedingung $2a + 2b = u$, d. h. $b = \frac{1}{2}(u - 2a) = \frac{1}{2}u - a$, zu
einer Funktion mit einer Variablen, unserer Zielfunktion
wird:

$A(a) = a \cdot \left(\frac{1}{2}u - a\right) = \frac{1}{2}ua - a^2$ mit der Definitionsmenge

$0 \le a \le \frac{u}{2}$

Die Funktion A wird jetzt mit den Kriterien der Kurvendiskussion untersucht:

$A'(a) = \frac{1}{2}u - 2a$

$A''(a) = -2 < 0 \quad \Rightarrow \quad$ Das Ergebnis führt in jedem Fall auf ein
relatives Maximum.

$A'(a) = 0$: $2a = \frac{1}{2}u \quad \Rightarrow \quad a = \frac{1}{4}u \quad \Rightarrow \quad b = \frac{1}{4}u$

Die Randwerte $a = 0$ bzw. $a = \frac{u}{2}$ führen nicht auf Rechtecke.

$\Rightarrow$ Für $a = b = \frac{1}{4}u$, d. h. für das Quadrat, ist bei vorgegebe-
nem Umfang die Rechteckfläche maximal. Der Flächen-
inhalt beträgt dann $A_{max} = \frac{1}{16}u^2$.

Damit ist auch allgemein gezeigt:
Unter allen umfangsgleichen Rechtecken besitzt das Quadrat
den maximalen Flächeninhalt.

2. Von einem rechteckigen Stück Blech mit den Seitenlängen
   $\ell = 8$ dm und $b = 5$ dm werden an den vier Ecken Quadrate
   herausgeschnitten. Biegt man die Randstücke hoch, so erhält
   man eine oben offene Dose.

   a) Stellen Sie das Volumen V der
      Dose in Abhängigkeit von der
      Länge x der Quadratseite dar.
      Bestimmen Sie einen geeigne-
      ten Definitionsbereich.

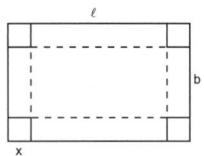

   b) Berechnen Sie, wie groß die Quadratseite zu wählen ist,
      damit das Volumen der Dose maximal wird.

   c) Zeichnen Sie den Graphen der Funktion V.

   Lösung:

   a) Die Größe, die optimiert werden soll, ist das Volumen V
      der entstehenden quaderförmigen Dose. Für das Volumen
      eines Quaders der Länge ℓ, Breite b und Höhe h gilt:
      $V = \ell \cdot b \cdot h$
      Mit den hier gegebenen Werten erhält man als Zielfunk-
      tion:
      $$V(x) = (8 - 2x) \cdot (5 - 2x) \cdot x = 4x^3 - 26x^2 + 40x$$
      mit $D_V = \,]0;\,2,5[$
      Der Definitionsbereich D_V für die Funktion V ergibt sich
      aus der Bedingung, dass die Länge der herausgeschnitte-
      nen Quadratseite x positiv und kleiner als die Hälfte der
      Breite b sein muss.

   b) $V'(x) = 12x^2 - 52x + 40;$

      $V'(x) = 0 \;\Rightarrow\; x_1 = 1;\, x_2 = \frac{10}{3} \notin D_V$

      Da $V(1) = 18$ positiv ist und an den Randstellen des Defi-
      nitionsbereichs $\lim\limits_{x \to 0} V(x) = \lim\limits_{x \to 2,5} V(x) = 0$ gilt, hat die

      Dose das maximale Volumen für $x = 1$.

      Die Maße sind dann $\ell = 6$ dm, $b = 3$ dm, $h = 1$ dm und das
      maximale Volumen beträgt $V_{max} = 18$ dm^3.

c)

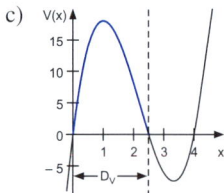

3. Ein Raketenkopf hat die Form eines geraden Kreiskegels. Er soll einen zylindrischen
Behälter für einen Messgerätesatz aufneh-
men. Aus technischen Gründen soll die
Oberfläche des Zylinders maximal werden.

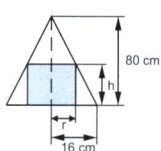

Berechnen Sie für diesen Fall Radius r
sowie Höhe h des Zylinders (siehe Skizze).

Lösung:
Für die Oberfläche O des Zylinders, d. h. für die Zielfunktion,
gilt:
$O = 2r^2\pi + 2r\pi \cdot h$, $r \leq 16$ cm $\wedge$ $h \leq 80$ cm

Mit dem umbeschriebenen Kegel erhält man mithilfe der Gesetze der zentrischen Streckung:
$r : 16 = (80 - h) : 80$

$$80r = 16 \cdot 80 - 16 \cdot h \quad |:16$$
$$5r = 80 - h$$
$$h = -5r + 80$$

$O(r) = 2r^2\pi + 2r\pi \cdot (-5r + 80) = 2r^2\pi - 10r^2\pi + 160r\pi$
$O(r) = -8r^2\pi + 160r\pi$

Die Zielfunktion $O(r)$ beschreibt eine nach unten geöffnete
Parabel, sodass in deren Scheitel auf jeden Fall ein absolutes
Maximum vorliegt.
$O'(r) = -16r\pi + 160\pi$
$O'(r) = 0$: $-16r\pi + 160\pi = 0$
$$16r\pi = 160\pi$$
$$r = 10 \text{ cm} \quad \text{und daraus}$$
$$h = -50 + 80 = 30 \text{ cm}$$

Der Zylinder hat für $r = 10$ cm und $h = 30$ cm maximale
Oberfläche. Es gilt dann: $O_{max} = 800\pi$ cm^2

Neben den Extremwertaufgaben haben in zunehmendem Maß weitere Aufgaben zur mathematischen Modellbildung (Anwendungsaufgaben) im Unterricht und in der Fachabiturprüfung an Bedeutung gewonnen. Aus dem breiten Feld dieser allgemeinen Anwendungsaufgaben sind hier exemplarisch zwei Beispiele dargestellt.

Die Skateboardbahn

Die Rampe einer Skateboard-bahn ist so gebaut, wie es die nebenstehende Abbildung zeigt. Der gebogene Teil wird beschrieben durch die Funktion:

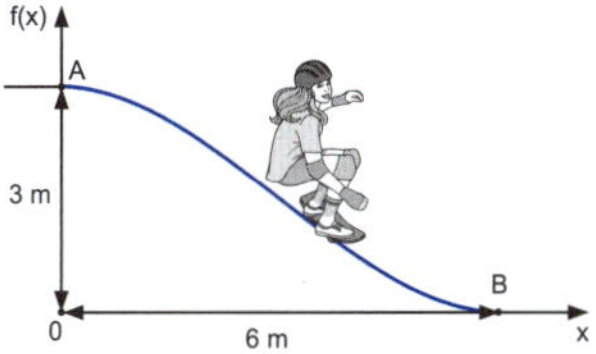

Beispiel

$$f : \begin{cases} [0; 6] \to \mathbb{R} \\ x \mapsto \frac{1}{36}x^3 - \frac{1}{4}x^2 + 3 \end{cases}$$

a) Zeigen Sie, dass die Funktion f in den Punkten A und B die „passenden" Funktionswerte besitzt, und begründen Sie, dass der Graph der Funktion f in diesen Punkten Randextrema besitzt.

b) Ermitteln Sie die Koordinaten des Punktes der Bahn, in dem diese am steilsten ist. Wie groß ist die Steigung in diesem Kurvenpunkt?

Lösung:

a) $f(0) = 3 \implies A(0|3)$

$f(6) = 0 \implies B(6|0)$

$f'(x) = \frac{1}{12}x^2 - \frac{1}{2}x$

$f'(x) = 0; \ x \cdot (\frac{1}{12}x - \frac{1}{2}) = 0 \implies x_1 = 0; \ x_2 = 6$

Die Ableitung f' beschreibt eine nach oben geöffnete Parabel mit den Nullstellen $x_1 = 0$ und $x_2 = 6$.

$\implies f'(x) < 0$ in $]0; 6[$

$\implies$ f ist streng monoton fallend in $[0; 6]$ sowie streng monoton steigend in $]-\infty; 0]$ und in $[6; +\infty[$.

$\implies$ Randmaximum $A(0|3)$ und Randminimum $B(6|0)$

b) Die steilste Stelle ist der Wendepunkt des Graphen der Funktion f (siehe Seite 36).

$f'(x) = \frac{1}{12}x^2 - \frac{1}{2}x; \quad f''(x) = \frac{1}{6}x - \frac{1}{2}$

$f''(x) = 0; \quad x = 3 \quad \Rightarrow \quad$ Wendepunkt W(3 | 1,5)

Steigung im Wendepunkt:
$f'(3) = -0,75$

Die Bahn ist im Punkt W am steilsten mit einem Gefälle von 75 %.

Die Änderungsrate einer physikalischen Größe wird durch die erste Ableitungsfunktion beschrieben. Die physikalische Größe, um die es dabei geht, ist im folgenden Beispiel der zurückgelegte Weg bei einer beschleunigten Bewegung. Diese Größe wird beschrieben durch die Zeit-Weg-Funktion s(t), deren Änderungsrate die Momentangeschwindigkeit v(t) ist:

Geschwindigkeit $= \frac{\text{Wegänderung}}{\text{Zeit}}$

Die Ableitung einer Größe nach der Zeit wird meist mit einem Punkt bezeichnet:

$v(t) = \frac{ds(t)}{dt} = \dot{s}(t)$

Die Änderungsrate der Geschwindigkeit und damit die 2. Ableitung der Zeit-Weg-Funktion ist die Beschleunigung a, die im folgenden Beispiel konstant sein soll:

$\frac{dv(t)}{dt} = \frac{d^2s(t)}{dt^2} = \ddot{s}(t) = a$

Beispiel

Geradlinig beschleunigte Bewegung

Eine Straßenbahn beschleunigt auf gerader, ebener Strecke aus der Ruhe auf die Endgeschwindigkeit v_E, die sie dann konstant beibehält. In einem mathematischen Modell wird für diesen Beschleunigungsvorgang der zurückgelegte Weg in Metern (m) in Abhängigkeit von der Zeit t in Sekunden (s) beschrieben durch die Funktion s(t) (Auf Benennungen wird verzichtet!):

$s(t) = \begin{cases} 0,6 \cdot t^2 & \text{für } 0 \leq t \leq 12 \\ 14,4 \cdot t - 86,4 & \text{für } 12 \leq t \leq 20 \end{cases}$

a) Stellen Sie die Funktion s(t) in einem Koordinatensystem grafisch dar.
Maßstab: t-Achse: 1 cm $\stackrel{\triangle}{=}$ 2 s; s-Achse: 1 cm $\stackrel{\triangle}{=}$ 25 m

b) Ermitteln Sie den Funktionsterm der Geschwindigkeitsfunktion $v(t) = \dot{s}(t)$ und stellen Sie diesen geeignet grafisch dar. Ermitteln Sie ferner die Endgeschwindigkeit v_E der Straßenbahn.

Lösung:

a)
$$s(0) = 0$$
$$s(4) = 9,6$$
$$s(8) = 38,4$$
$$s(12) = 86,4$$
$$s(16) = 144$$
$$s(20) = 202$$

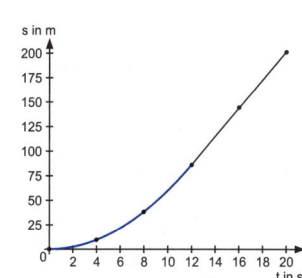

b) $v(t) = \begin{cases} 1,2\,t & \text{für } 0 \le t \le 12 \\ 14,4 & \text{für } 12 \le t \le 20 \end{cases}$

$v_E = v(20) = 14,4$

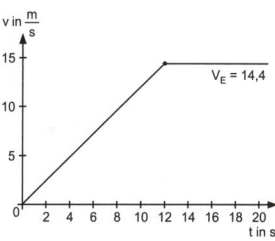

2.11 Stammfunktionen

Stammfunktion
Eine differenzierbare Funktion F heißt **Stammfunktion** zu einer Funktion f im gemeinsamen Definitionsbereich, wenn $F'(x) = f(x)$ gilt.

Folgerungen:
- Zwei Stammfunktionen F und G zur selben Funktion f unterscheiden sich nur durch eine additive Konstante C, denn es gilt:
$F(x) = G(x) + C \implies F'(x) = G'(x) = f(x)$
- Die Graphen aller Stammfunktionen zu einer Funktion f sind daher parallel zueinander.

Der Verlauf der Stammfunktionen F zu einer Funktion f wird am folgenden Beispiel verdeutlicht.

Beispiel $f(x) = x \implies F_C(x) = \frac{1}{2}x^2 + C$

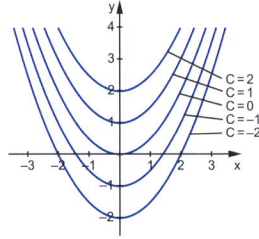

Für eine spezielle Stammfunktion F einer gegebenen Funktion f kann eine zusätzliche Eigenschaft vorgegeben werden.

Beispiel   Zur Funktion f mit $f(x) = \frac{1}{2}x - 1$ soll der Funktionsterm derjenigen Stammfunktion F bestimmt werden, deren Graph den Punkt $P(1 \mid 4)$ enthält.

Lösung:
$F_C(x) = \frac{1}{4}x^2 - x + C$ und $F_C(1) = 4$

$\implies 4 = \frac{1}{4} - 1 + C; \ C = 4{,}75$

$\implies F(x) = \frac{1}{4}x^2 - x + 4{,}75$

Die Bestimmung der Stammfunktion F einer Funktion f stellt somit die Umkehrung der Ableitung oder Differenziation dar. Man nennt diesen Vorgang auch **Integration** der Funktion f:

Stammfunktion F $\xleftarrow[\text{Integration}]{\text{Ableitung}}$ Funktion f

---

Unbestimmtes Integral
Die Menge aller Stammfunktionen zu einer Funktion f heißt auch unbestimmtes Integral von f.

Man schreibt: $\int f(x)\,dx = F(x) + C$

Somit ist auch die Funktion f eine Stammfunktion ihrer 1. Ableitungsfunktion f' und diese wiederum ist eine Stammfunktion der 2. Ableitungsfunktion f" usw.

Regeln zur Bestimmung von Stammfunktionen
1. Stammfunktion von **Summe und Differenz** zweier Funktionen
   Sind F und G Stammfunktionen der Funktionen f und g, dann ist $F \pm G$ eine Stammfunktion von $f \pm g$.

2. Stammfunktion einer Funktion mit **konstantem Faktor**
   Ist F eine Stammfunktion der Funktion f und k ein konstanter Faktor, dann ist $k \cdot F$ eine Stammfunktion von $k \cdot f$.

3. Stammfunktion einer **Potenzfunktion**
   $F(x) = \frac{1}{n+1} x^{n+1}$ ist eine Stammfunktion von $f(x) = x^n$.

Diese Regeln entsprechen den Ableitungsregeln von Seite 28 f. und können durch Ableitung der jeweiligen Stammfunktion leicht bewiesen werden. Zu Produkt- und Kettenregel können jedoch nicht so einfach entsprechende Integrationsregeln gefunden werden.

Nachfolgend sind die Stammfunktionen für wichtige Elementarfunktionen zusammengestellt.

Stammfunktionen der Elementarfunktionen

$f(x) = 0 \quad \Rightarrow \quad F(x) = C$

$f(x) = a \quad \Rightarrow \quad F(x) = ax + C \ (a \in \mathbb{R})$

$f(x) = x \quad \Rightarrow \quad F(x) = \frac{1}{2}x^2 + C$

$f(x) = x^n \quad \Rightarrow \quad F(x) = \frac{1}{n+1}x^{n+1} + C \ (n \in \mathbb{N})$

$f(x) = e^x \quad \Rightarrow \quad F(x) = e^x + C$

$f(x) = e^{ax+b} \quad \Rightarrow \quad F(x) = \frac{1}{a} \cdot e^{ax+b} + C \ (a, b \in \mathbb{R} \wedge a \neq 0)$

Beispiel

1. Bestimmen Sie jeweils die Menge aller Stammfunktionen.

   a) $f(x) = x^3 - \frac{1}{2}x^2 - x + 2$

   b) $g(x) = \frac{1}{2} \cdot (x + e^x)$

   c) $h(x) = 2e^{-x+1}$

   Lösung:

   a) $F(x) = \frac{1}{4}x^4 - \frac{1}{6}x^3 - \frac{1}{2}x^2 + 2x + C$

   b) $G(x) = \frac{1}{2} \cdot (\frac{1}{2}x^2 + e^x) + C = \frac{1}{4}x^2 + \frac{1}{2}e^x + C$

   c) $H(x) = 2 \cdot \frac{1}{-1}e^{-x+1} + C = -2e^{-x+1} + C$

2. Gegeben ist die 2. Ableitung einer ganzrationalen Funktion f durch $f''(x) = 2x + 6$. Der Graph von f läuft durch den Punkt $Q(3 \mid 1)$ und besitzt im Punkt $P(0,5 \mid y_P)$ die Steigung $m = 2,25$. Bestimmen Sie den Funktionsterm $f(x)$.

   Lösung:
   $f''(x) = 2x + 6 \quad \Rightarrow \quad f'(x) = x^2 + 6x + C$
   Mit $m = f'(0,5) = 2,25$ erhält man:
   $0,5^2 + 6 \cdot 0,5 + C = 2,25; \ 3,25 + C = 2,25; \ C = -1$
   $f'(x) = x^2 + 6x - 1 \quad \Rightarrow \quad f(x) = \frac{1}{3}x^3 + 3x^2 - x + D$
   Mit $f(3) = 1$ erhält man:
   $\frac{1}{3} \cdot 3^3 + 3 \cdot 3^2 - 3 + D = 1; \ 33 + D = 1; \ D = -32$
   $\Rightarrow \quad f(x) = \frac{1}{3}x^3 + 3x^2 - x - 32$

3. Der abgebildete Graph gehört zur 1. Ableitungsfunktion f' einer reellen Funktion f.

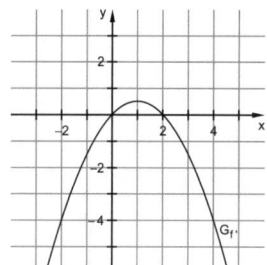

a) Beschreiben Sie das Monotonieverhalten der Funktion f sowie Lage und Art der Extrempunkte ihres Graphen G_f soweit möglich.

b) Skizzieren Sie einen möglichen Verlauf des Graphen G_f in das Koordinatensystem.

Lösung:

a) Aus dem dargestellten Graphen der 1. Ableitungsfunktion lässt sich das Vorzeichenverhalten der Ableitungsfunktion f' direkt ablesen und somit das Monotonieverhalten der Funktion f angeben:

$f'(x) > 0$ für $x \in \,]0; 2[$ und $f'(x) < 0$ für $x \in \,]-\infty; 0[$ und für $x \in \,]2; +\infty[$

Damit gilt: f ist streng monoton steigend in $[0; 2]$ sowie streng monoton fallend in $]-\infty; 0]$ und in $[2; +\infty[$.

f besitzt also einen Tiefpunkt an der Stelle $x_1 = 0$ und einen Hochpunkt an der Stelle $x_2 = 2$.

b) Die y-Koordinaten von Hoch- und Tiefpunkt können nicht bestimmt werden, da mit den vorliegenden Angaben f nur bis auf eine additive Konstante festgelegt ist. Somit kann der nebenstehend gezeichnete Graph der Funktion f noch beliebig in y-Richtung verschoben werden.

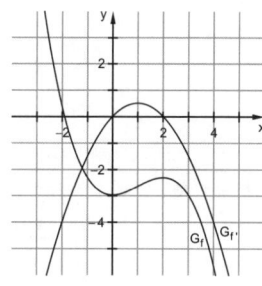

3 Exponentialfunktion und Logarithmus

3.1 Potenzen und Wurzeln

Für die Multiplikation gleicher Faktoren werden als Begriffe eingeführt:

Potenz

Für $a, x \in \mathbb{R}$ und $a > 0$ heißt a^x eine **Potenz** von a, a wird **Basis**, x wird **Exponent** genannt.

Insbesondere gilt: $a^0 = 1$ und $a^1 = a$

Potenzen können über die vier Grundrechenarten miteinander verknüpft werden. Dabei ist genau darauf zu achten, wo welches Rechenzeichen steht. Die Regeln werden als sogenannte Potenzgesetze formuliert.

Potenzgesetze

Für alle $a, b \in \mathbb{R}^+$ und $x, y \in \mathbb{R}$ gelten folgende Regeln:

1. $a^x \cdot a^y = a^{x+y}$

2. $\frac{a^x}{a^y} = a^{x-y}$

3. $a^x \cdot b^x = (a \cdot b)^x$

4. $\frac{a^x}{b^x} = \left(\frac{a}{b}\right)^x$

5. $(a^x)^y = a^{x \cdot y}$

Weiterhin gilt: $a^{-x} = \frac{1}{a^x}$ und $\left(\frac{a}{b}\right)^{-x} = \left(\frac{b}{a}\right)^x$

Für Potenzen mit rationalen Exponenten benötigt man den Begriff der **Wurzel**. Das Wurzelziehen, auch Radizieren genannt, ist die Umkehrung des Potenzierens.

> **Wurzeln**
> Für $a \geq 0$ und m, $n \in \mathbb{N}$ gilt:
> $a^{\frac{m}{n}} = \sqrt[n]{a^m}$
> Insbesondere gilt: $a^{\frac{1}{2}} = \sqrt{a}$

Damit sind die Rechengesetze für Wurzeln nur andere Schreibweisen für das jeweils entsprechende Potenzgesetz.

Beispiel

1. $5^3 \cdot 5^2 = 5^{3+2} = 5^5$

2. $3^2 \cdot 4^2 = (3 \cdot 4)^2 = 12^2$

3. $\frac{3^2}{3^4} = 3^{2-4} = 3^{-2} = \frac{1}{3^2}$

4. $9^{\frac{3}{2}} = \sqrt{9}^{\,3} = 3^3$

5. $(8x^3)^{\frac{2}{3}} = 8^{\frac{2}{3}} \cdot (x^3)^{\frac{2}{3}} = (\sqrt[3]{8})^2 \cdot x^{3 \cdot \frac{2}{3}} = 2^2 \cdot x^2 = 4x^2$

3.2   Exponentialfunktionen und Logarithmus

> **Exponentialfunktion zur Basis a**
> Die reelle Funktion f: $x \mapsto a^x$ mit $x \in \mathbb{R}$ und $a \in \mathbb{R}^+ \setminus \{1\}$ heißt Exponentialfunktion zur Basis a.

Graphen von Exponentialfunktionen

$f: x \mapsto a^x \wedge a \in \mathbb{R}^+ \setminus \{1\}$

$D_f = \mathbb{R};\ W_f = \mathbb{R}^+$

Die Exponentialfunktion mit der Euler'schen Zahl e als Basis heißt **natürliche Exponentialfunktion $y = f(x) = e^x$**.

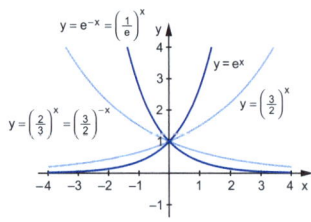

Die Euler'sche Zahl e ist eine irrationale Zahl, die über

$e = \lim\limits_{n \to \infty} \left(1 + \frac{1}{n}\right)^n = 2{,}7182818\ldots$ berechnet werden kann.

Exponentialgleichung

Die Exponentialgleichung $a^x = b$ hat für $x \in \mathbb{R}$, a, $b \in \mathbb{R}^+$ und $a \neq 1$ genau eine Lösung. Sie heißt **Logarithmus** von b zur Basis a:

$$a^x = b \quad \Leftrightarrow \quad x = \log_a(b)$$

Zur Bestimmung logarithmischer Werte gilt:

$\log_a(a) = 1$, weil $a^1 = a$

$\log_a(1) = 0$, weil $a^0 = 1$

Die Basis b kann verschiedene Werte annehmen. Spezielle Logarithmen sind:

$\log_{10}(b) = \lg(b)$:   **Zehnerlogarithmus**

$\log_e(b) = \ln(b)$:   **natürlicher Logarithmus**

1. $9^x = 3$; $x = \log_9(3) = \frac{1}{2}$

Beispiel

2. $\frac{1}{2} \cdot 5^{x+2} = 25$

$\qquad 5^{x+2} = 50$

$\qquad x + 2 = \log_5(50)$

$\qquad\qquad x = -2 + \log_5(50) \approx 0,43$

3. $\qquad 2^{2x} + 2 \cdot 2^x - 8 = 0$

$\quad (2^x)^2 + 2 \cdot (2^x) - 8 = 0$;   Substitution $z = 2^x$

$\qquad\qquad z^2 + 2z - 8 = 0$

$\qquad\qquad (z+4)(z-2) = 0$

$\qquad\qquad\qquad z_1 = -4$; $z_2 = 2$

Rücksubstitution:

$2^x = -4$ Widerspruch

$2^x = 2$; $x = 1$

Rechenregeln für Logarithmen

Für alle $a, b \in \mathbb{R}^+ \setminus \{1\}$, $u, v \in \mathbb{R}^+$ und $x \in \mathbb{R}$ gelten folgende Regeln:

1. $\log_a(u \cdot v) = \log_a(u) + \log_a(v)$

2. $\log_a\left(\frac{u}{v}\right) = \log_a(u) - \log_a(v)$

3. $\log_a(u^x) = x \cdot \log_a(u)$

4. $\log_a(u) = \frac{\log_b(u)}{\log_b(a)}$ **(Basiswechsel)**

Beispiel

1. $\log_4(1{,}6) + \log_4(5) = \log_4(1{,}6 \cdot 5) = \log_4(8) = 1{,}5$

2. $2 \cdot \ln(\sqrt{5}) - \frac{2}{3} \cdot \ln(125) = \ln(\sqrt{5}^2) - \ln(125^{\frac{2}{3}})$

$$= \ln(5) - \ln(25) = \ln(\tfrac{5}{25})$$

$$= \ln(\tfrac{1}{5}) = \ln(1) - \ln(5) = 0 - \ln(5)$$

$$= -\ln(5)$$

3.3 Exponentielles Wachstum und exponentielle Abnahme

Bei vielen Prozessen in Natur und Technik ist die Änderungsrate $\dot{y}(t)$ einer Größe proportional zur Größe y selbst. Dann wird die zeitliche Veränderung der Größe durch eine Exponentialfunktion beschrieben:

$y(t) = y_0 \cdot e^{kt}$; $t \geq 0$

Dabei gibt y_0 den Anfangswert der Größe zur Zeit $t = 0$ an, der Parameter k bestimmt Stärke und Art der Größenänderung. Für $k > 0$ beschreibt die Funktion **exponentielles Wachstum** wie z. B. das Anwachsen eines Kapitals mit Zinseszins, für $k < 0$ beschreibt sie **exponentielle Abnahme** wie z. B. beim radioaktiven Zerfall.

Seit 1959 wird die Veränderung des CO_2-Gehalts in der Atmosphäre gemessen. Man hat herausgefunden, dass der CO_2-Gehalt g in ppm (Partikel pro Millionen) in Abhängigkeit von der Zeit t in Jahren (gemessen ab 1959) näherungsweise durch die Funktion

$$g(t) = 304 + 12 \cdot e^{0,04t}; \quad t \geq 0$$

beschrieben wird.

a) Berechnen Sie den CO_2-Gehalt zu Beginn der Messungen sowie im Jahr 2009.

b) Ermitteln Sie, wann der CO_2-Gehalt nach diesem Modell die Grenze von 500 ppm übersteigen wird.

c) Bestimmen Sie $\dot{g}(50)$ und interpretieren Sie das Ergebnis.

Lösung:

a) 1959 entspricht $t = 0$: $g(0) = 304 + 12 \cdot e^0 = 316$ (ppm)

2009 entspricht $t = 50$: $g(50) = 304 + 12 \cdot e^{0,04 \cdot 50} \approx 393$ (ppm)

b) $500 = 304 + 12 \cdot e^{0,04t} \implies \frac{196}{12} = e^{0,04t} \implies 0,04t = \ln\left(\frac{49}{3}\right)$

$$t \approx 69,8$$

Wegen $1959 + 70 = 2029$ werden 500 ppm im Jahr 2029 überschritten.

c) $\dot{g}(t) = 12 \cdot e^{0,04t} \cdot 0,04 = 0,48 \cdot e^{0,04t} \implies \dot{g}(50) \approx 3,55$

Im Jahr 2009 wird der CO_2-Gehalt um etwa 3,55 ppm zunehmen.

3.4 Kurvendiskussion verknüpfter Funktionen

Zunächst wird eine Funktion, die aus der Verknüpfung einer Exponentialfunktion mit linearen Funktionen hervorgeht, diskutiert.

Diskutieren Sie die Funktion f mit $f(x) = (x + 1) \cdot e^{-x}$.

Lösung:

Definitionsmenge:

$D = \mathbb{R}$, da die natürliche Exponentialfunktion in $\mathbb{R}$ definiert ist.

Symmetrie:

Es ist keine Symmetrie zur y-Achse bzw. zum Ursprung erkennbar.

Schnittpunkte mit den Koordinatenachsen:

x-Achse: $y = f(x) = 0$: $(x+1) \cdot e^{-x} = 0 \Rightarrow x = -1 \Rightarrow N(-1 \mid 0)$
y-Achse: $x = 0$: $y = f(0) = 1 \Rightarrow R(0 \mid 1)$

Verhalten im Unendlichen und Asymptoten:

$x \to -\infty$: $f(x) = \underbrace{(x+1)}_{\to -\infty} \cdot \underbrace{e^{-x}}_{\to +\infty} \to -\infty$

$x \to +\infty$: $f(x) = \underbrace{(x+1)}_{\to +\infty} \cdot \underbrace{e^{-x}}_{\to 0} \to 0$ (Prioritätsregel)

$\Rightarrow y = 0$ ist waagrechte Asymptote.

Extremwerte und Wendepunkte:

Mit Produkt- und Kettenregel erhält man:
$f'(x) = e^{-x} + (x+1) \cdot e^{-x} \cdot (-1) = -x \cdot e^{-x}$
$f''(x) = -e^{-x} - x \cdot e^{-x} \cdot (-1) = (x-1) \cdot e^{-x}$
$f'(x) = 0$: $-x \cdot e^{-x} = 0 \Rightarrow x = 0$
$f(0) = 0 \;\wedge\; f''(0) = -1 < 0 \Rightarrow$ Hochpunkt $H(0 \mid 1)$

Oder:

Da $e^{-x} > 0$ für $x \in \mathbb{R}$ gilt, wird das Vorzeichen von f' allein bestimmt durch den Faktor $-x \Rightarrow$
$f'(x) > 0$ für $x < 0 \Rightarrow$ streng monoton zunehmend
$f'(x) < 0$ für $x > 0 \Rightarrow$ streng monoton abnehmend
$\Rightarrow$ Hochpunkt für $x = 0$, weil dort das Steigen in Fallen übergeht.

$f''(x) = 0$: $(x-1) \cdot e^{-x} = 0 \Rightarrow x = 1 \;\wedge\;$ einfache Nullstelle
$\Rightarrow$ Wendepunkt
$f(1) = 2 \cdot e^{-1} = \frac{2}{e} \Rightarrow$ Wendepunkt $W\left(1 \mid \frac{2}{e}\right)$

Wendetangente t_W:

$f'(1) = -1 \cdot e^{-1} = -\frac{1}{e} \Rightarrow t_W: y = -\frac{1}{e}(x-1) + \frac{2}{e} = -\frac{1}{e}x + \frac{3}{e}$

Aus dem Extremwert und den Grenzwerten für $x \to \infty$ und $x \to -\infty$ folgt, dass für die Wertemenge W_f gilt: $W_f = \,]-\infty; 1]$

Wertetabelle und Graph:

x	–2	–1,5	–1	–0,5	0
f(x)	–7,39	–2,24	0	0,82	1

x	1	2	3	4
f(x)	0,74	0,41	0,20	0,09

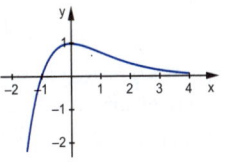

Im nächsten Beispiel kommt zusätzlich eine quadratische Funktion in der Verknüpfung vor.

Diskutieren Sie die Funktion f mit $f(x) = 2x \cdot e^{-x^2}$.

Beispiel

Lösung:

Definitionsmenge:
$D = \mathbb{R}$, da die natürliche Exponentialfunktion in $\mathbb{R}$ definiert ist.

Symmetrie:
$f(-x) = 2 \cdot (-x) \cdot e^{-(-x)^2} = -2x \cdot e^{-x^2} = -f(x)$
Damit verläuft G_f punktsymmetrisch zum Ursprung.

Schnittpunkte mit den Koordinatenachsen:
x-Achse: $y = f(x) = 0$: $2x \cdot e^{-x^2} = 0 \Rightarrow x = 0 \Rightarrow N(0|0)$
y-Achse: $x = 0$: $y = f(0) = 0$
Damit schneidet G_f beide Koordinatenachsen nur im Punkt $N(0|0)$.

Verhalten im Unendlichen und Asymptoten:
$x \to +\infty$: $f(x) = \underbrace{2x}_{\to +\infty} \cdot \underbrace{e^{-x^2}}_{\to 0} \to 0$ (Prioritätsregel)
Wegen der Punktsymmetrie des Graphen G_f gilt:
$x \to -\infty$: $f(x) \to 0$
$\Rightarrow y = 0$ ist waagrechte Asymptote.

Extrempunkte:
Mit Produkt- und Kettenregel erhält man:
$f'(x) = 2 \cdot e^{-x^2} + 2x \cdot e^{-x^2} \cdot (-2x) = 2e^{-x^2} - 4x^2 \cdot e^{-x^2}$
$\quad\quad = (-4x^2 + 2) \cdot e^{-x^2}$

$f''(x) = -8x \cdot e^{-x^2} + (-4x^2 + 2) \cdot e^{-x^2} \cdot (-2x)$
$\quad\quad = -8x \cdot e^{-x^2} + (8x^3 - 4x) \cdot e^{-x^2} = (8x^3 - 12x) \cdot e^{-x^2}$

$f'(x) = 0$: $(-4x^2 + 2) \cdot e^{-x^2} = 0$; $-4x^2 + 2 = 0$; $4x^2 = 2$; $x^2 = \frac{1}{2}$

$$\Rightarrow \quad x_{1;\,2} = \pm\sqrt{\frac{1}{2}} \approx \pm 0{,}71$$

Da $e^{-x^2} > 0$ für $x \in \mathbb{R}$ gilt, bestimmt allein der Faktor $(-4x^2 + 2)$ das Vorzeichen von f'. Dieser beschreibt eine nach unten geöffnete Parabel mit den Nullstellen $x_1 = -\sqrt{\frac{1}{2}}$ und $x_2 = \sqrt{\frac{1}{2}}$. Damit wechselt $f'(x)$ an der Stelle x_1 das Vorzeichen von minus nach plus und f besitzt dort ein lokales Minimum. An der Stelle x_2 wechselt $f'(x)$ das Vorzeichen von plus nach minus und f besitzt dort ein lokales Maximum.

Mit $f(x_1) = f\left(-\sqrt{\frac{1}{2}}\right) = 2 \cdot \left(-\sqrt{\frac{1}{2}}\right) \cdot e^{-\left(-\sqrt{\frac{1}{2}}\right)^2} = -2 \cdot \sqrt{\frac{1}{2}} \cdot e^{-\frac{1}{2}} \approx -0{,}86$

erhält man den Tiefpunkt $T(-0{,}71 \mid -0{,}86)$ und wegen der Punktsymmetrie des Graphen G_f den Hochpunkt $H(0{,}71 \mid 0{,}86)$.

Die Art der Extrempunkte kann auch mithilfe des Vorzeichens der 2. Ableitung bestimmt werden:

$$f''(x_1) = f''\left(-\sqrt{\frac{1}{2}}\right) = \left(8 \cdot \left(-\sqrt{\frac{1}{2}}\right)^3 - 12 \cdot \left(-\sqrt{\frac{1}{2}}\right)\right) \cdot e^{-\left(-\sqrt{\frac{1}{2}}\right)^2} \approx 3{,}43$$

$f''(x_1) > 0 \quad \Rightarrow \quad$ Tiefpunkt bei $x_1 = -\sqrt{\frac{1}{2}}$

Wegen der Punktsymmetrie des Graphen G_f muss damit ein Hochpunkt bei $x_2 = \sqrt{\frac{1}{2}}$ liegen.

Wendepunkte:

$f''(x) = 0$: $(8x^3 - 12x) \cdot e^{-x^2} = 0$; $8x^3 - 12x = 0$; $2x \cdot (4x^2 - 6) = 0$;

$$x_3 = 0 \quad \text{oder} \quad 4x^2 - 6 = 0; \quad x^2 = \frac{3}{2}; \quad x_{4;\,5} = \pm\sqrt{\frac{3}{2}} \approx \pm 1{,}22$$

Die 2. Ableitungsfunktion f'' besitzt somit drei einfache Nullstellen mit Vorzeichenwechsel. Der Graph G_f ändert an diesen Stellen sein Krümmungsverhalten und besitzt dort Wendepunkte.

$f(0) = 0 \quad \Rightarrow \quad$ Wendepunkt $W_1(0 \mid 0)$

$$f\left(\sqrt{\frac{3}{2}}\right) = 2 \cdot \sqrt{\frac{3}{2}} \cdot e^{-\left(\sqrt{\frac{3}{2}}\right)^2} = 2 \cdot \sqrt{\frac{3}{2}} \cdot e^{-\frac{3}{2}} \approx 0{,}55$$

$\Rightarrow \quad$ Wendepunkt $W_2(1{,}22 \mid 0{,}55)$ und wegen der Punktsymmetrie des Graphen G_f: Wendepunkt $W_3(-1{,}22 \mid -0{,}55)$

Wertetabelle und Graph:

x	0	0,71	1	1,22	2	3
f(x)	0	0,86	0,74	0,55	0,07	0,0007

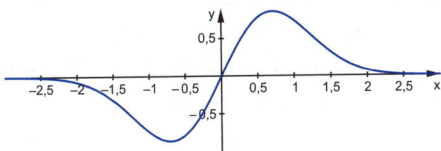

Das letzte Beispiel zur Kurvendiskussion besitzt einen Anwendungsbezug.

Die Firma PRIMA ist seit einem Jahr an der Börse notiert. Der Kursverlauf ihrer Aktien in diesem Zeitraum kann näherungsweise durch die Funktion A mit

$$A(t) = a \cdot (t + 1,5) \cdot e^{-0,2t} + 50; \quad t \geq 0$$

Beispiel

beschrieben werden. Dabei ist t die Zeit in Monaten und A(t) gibt den Kurs der Aktie in Euro an.

a) Bestimmen Sie den Wert der Konstanten a, wenn der Ausgabekurs der Aktie, also der Kurs zum Zeitpunkt t = 0, 200 Euro betragen hat.

b) Berechnen Sie, zu welchem Zeitpunkt der Aktienkurs in diesem Jahr den höchsten Wert erreicht hat und wie hoch dieser Maximalwert war.

c) Berechnen Sie $\dot{A}(8)$ und erläutern Sie den Wert im Sachzusammenhang.

d) Bestimmen Sie den Wert, auf den sich der Aktienkurs langfristig einpendeln wird, wenn man davon ausgeht, dass die Funktion A(t) den Kursverlauf der PRIMA-Aktie auch für die Zukunft beschreibt.

e) Stellen Sie den Kursverlauf der Aktie für $0 \leq t \leq 24$ in einem geeigneten Koordinatensystem grafisch dar.

Lösung:

a) $A(0) = 200$; $a \cdot 1{,}5 \cdot 1 + 50 = 200$; $1{,}5a = 150$; $a = 100$

b) $A(t) = 100 \cdot (t + 1{,}5) \cdot e^{-0{,}2t} + 50$

Mit Produkt- und Kettenregel erhält man:

$\dot{A}(t) = 100 \cdot 1 \cdot e^{-0{,}2t} + 100 \cdot (t + 1{,}5) \cdot e^{-0{,}2t} \cdot (-0{,}2)$

$\quad = 100 \cdot e^{-0{,}2t} \cdot (1 - 0{,}2 \cdot (t + 1{,}5)) = 100 \cdot e^{-0{,}2t} \cdot (-0{,}2t + 0{,}7)$

$\dot{A}(t) = 0$: $\underbrace{100 \cdot e^{-0{,}2t}}_{>0} \cdot (-0{,}2t + 0{,}7) = 0$; $-0{,}2t + 0{,}7 = 0$;

$\qquad -0{,}2t = -0{,}7$; $t = 3{,}5$

Das Vorzeichen der 1. Ableitung wird nur bestimmt durch den Term $(-0{,}2t + 0{,}7)$. Dieser beschreibt eine fallende Gerade, die an der Stelle $t = 3{,}5$ ihr Vorzeichen von plus nach minus wechselt. Damit ist $A(t)$ streng monoton steigend für $t < 3{,}5$ und streng monoton fallend für $t > 3{,}5$.

$A(3{,}5) = 100 \cdot (3{,}5 + 1{,}5) \cdot e^{-0{,}2 \cdot 3{,}5} + 50 = 500 \cdot e^{-0{,}7} + 50 \approx 298$

Der Aktienkurs erreicht nach 3,5 Monaten seinen Höchststand mit 298 Euro.

c) $\dot{A}(8) = 100 \cdot e^{-0{,}2 \cdot 8} \cdot (-0{,}2 \cdot 8 + 0{,}7) = 100 \cdot e^{-1{,}6} \cdot (-0{,}9) \approx -18$

8 Monate nach der Ausgabe der Aktie verliert diese etwa 18 Euro pro Monat an Wert.

d) $t \to \infty$: $A(t) = 100 \cdot \underbrace{(t + 1{,}5)}_{\to \infty} \cdot \underbrace{e^{-0{,}2t}}_{\to 0} + 50 \to 50$ (Prioritätsregel)

Langfristig wird sich der Aktienkurs auf 50 Euro einpendeln.

e)
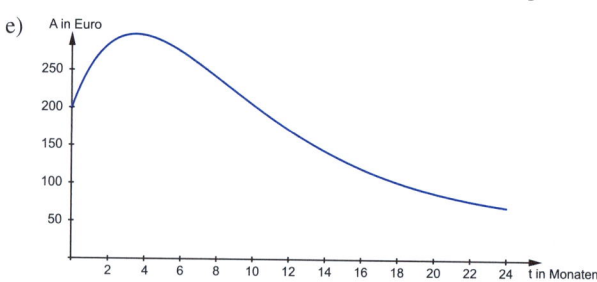

4 Integralrechnung

4.1 Das bestimmte Integral

Die Integralrechnung hat sich aus unterschiedlichen Fragestellungen heraus entwickelt. Viele davon können über das Problem der Messung des Flächeninhaltes von krummlinig begrenzten Flächen gelöst werden.

Die Funktion f mit $f(x) \geq 0$ sei im Intervall $I = [a; b]$ stetig. Gesucht ist die Maßzahl A der Fläche, die der Graph G_f zwischen $x = a$ und $x = b$ mit der x-Achse einschließt.

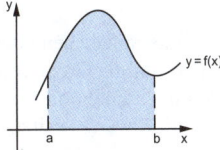

Für die gesuchte Maßzahl A schreibt man

$$A = \int_a^b f(x)\,dx$$

und liest „(Bestimmtes) Integral von a bis b über f von x dx." f heißt Integrandenfunktion, a untere und b obere Grenze des Integrals.

Zur Berechnung wird das Intervall $I = [a; b]$ in n gleich große Teilintervalle der Länge $\Delta x = \dfrac{b-a}{n}$ unterteilt.

Die Fläche wird dann durch äußere bzw. innere Rechtecke angenähert.

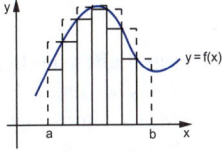

Lässt man die Anzahl der Rechtecke unendlich groß werden, nähern sich die äußere und die innere Rechteckfläche an die gesuchte Fläche A an. Es gilt dann für die Definition des bestimmten Integrals:

Bestimmtes Integral

$$A = \int_a^b f(x)\,dx = \lim_{n \to \infty} \frac{b-a}{n} \cdot \sum_{v=1}^{n} f\left(a + v \cdot \frac{b-a}{n}\right)$$

Das Integralzeichen $\int$ deutet auf die Summenbildung, das Symbol dx auf die Grenzwertbildung hin.

Wenn die Funktion auch negative Funktionswerte besitzt, dann stimmt der Wert des Integrals nicht mehr mit dem Flächeninhalt überein, weil das bestimmte Integral dann die Differenz der Maßzahl des Flächeninhalts

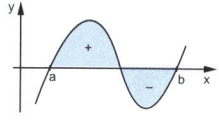

oberhalb und unterhalb der x-Achse angibt. Zur Berechnung der Fläche werden die Beträge der Einzelflächen addiert.

Aus der Definition des bestimmten Integrals ergeben sich einige Folgerungen:

Eigenschaften des bestimmten Integrals

1. Jedes bestimmte Integral stellt eine reelle Zahl dar.
2. Jede in einem abgeschlossenen Intervall I = [a; b] wenigstens stückweise stetige und beschränkte Funktion ist in I integrierbar.
3. $\displaystyle\int_b^a f(x)\,dx = -\int_a^b f(x)\,dx,$ weil $a - b = -(b - a)$ ist.

   $\Rightarrow \displaystyle\int_a^a f(x)\,dx = 0$

---

4. $\displaystyle\int_a^b k \cdot f(x)\,dx = k \cdot \int_a^b f(x)\,dx$

(k kann „ausgeklammert" werden.)

5. $\displaystyle\int_a^b [f(x) \pm g(x)]\,dx = \int_a^b f(x)\,dx \pm \int_a^b g(x)\,dx$

(Integral einer Summe (Differenz) =
Summe (Differenz) der Integrale)

6. $\displaystyle\int_a^b f(x)\,dx = \int_a^c f(x)\,dx + \int_c^b f(x)\,dx$

(Das Intervall [a; b], über das integriert wird, kann in zwei
oder mehrere Intervalle aufgespalten werden.)

7. $f(x) < g(x) \;\Rightarrow\; \displaystyle\int_a^b f(x)\,dx < \int_a^b g(x)\,dx$

Anwendung auf Flächenberechnung:

1. Die Fläche zwischen zwei Funktionsgraphen erhält man als Differenz ihrer Flächen mit der x-Achse.

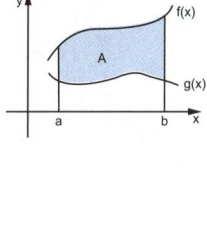

$$A = \int_a^b f(x)\,dx - \int_a^b g(x)\,dx$$

$$= \int_a^b [f(x) - g(x)]\,dx$$

Man subtrahiert von der oben liegenden Funktion die darunter
liegende. Dann stimmen das bestimmte Integral und der Flächeninhalt überein.

2. Schneiden sich die Funktionen f und g im Intervall I = [a; b], muss man, um die Berechnung nach 1 verwenden zu können, das Intervall in den Schnittpunkten aufspalten und jeweils in den Teilintervallen integrieren.

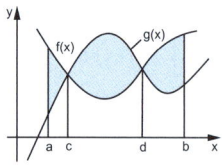

$$A = \int_a^c [f(x) - g(x)]\, dx + \int_c^d [g(x) - f(x)]\, dx + \int_d^b [f(x) - g(x)]\, dx$$

3. Als Spezialfälle von 2 ergeben sich folgende Flächen:
Die x-Achse ist der Graph der Funktion y = 0. Deshalb gilt:

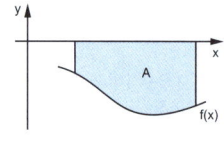

$$A = \int_a^b [0 - f(x)]\, dx = -\int_a^b f(x)\, dx$$

$$A = -\int_a^c f(x)\, dx + \int_c^d f(x)\, dx$$
$$-\int_d^e f(x)\, dx + \int_e^b f(x)\, dx$$

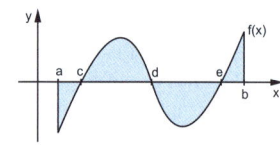

4.2 Flächenberechnung mithilfe von Stammfunktionen

Bestimmte Integrale lassen sich mithilfe von Stammfunktionen berechnen.

Falls F irgendeine Stammfunktion zur Funktion f ist, so ergibt sich für **das bestimmte Integral**:

$$\int_a^b f(x)\,dx = \left[F(x)\right]_a^b = F(b) - F(a)$$

Beispiel

1. $\displaystyle\int_1^3 x\,dx = \left[\frac{x^2}{2}\right]_1^3 = \frac{9}{2} - \frac{1}{2} = 4$

2. $\displaystyle\int_{-1}^3 \left(\frac{1}{2}x^2 - x + 1\right)dx = \left[\frac{1}{6}x^3 - \frac{1}{2}x^2 + x\right]_{-1}^3$

$$= \left(\frac{9}{2} - \frac{9}{2} + 3\right) - \left(-\frac{1}{6} - \frac{1}{2} - 1\right)$$

$$= 3 + \frac{5}{3} = \frac{14}{3}$$

3. $\displaystyle\int_{-2}^2 2e^x\,dx = \left[2e^x\right]_{-2}^2 = 2e^2 - 2e^{-2} = 2\left(e^2 - \frac{1}{e^2}\right)$

In den folgenden Beispielen wurde auf die einleitende Kurvendiskussion verzichtet, d. h., es wurden nur die Graphen gezeichnet und die gewünschten Flächen berechnet.

Beispiel

1. Bestimmen Sie die Flächenmaßzahl des Flächenstücks, welches die Graphen der Funktionen f: $x \mapsto f(x) = \frac{1}{4}x^2$ und g: $x \mapsto g(x) = x - 2$ sowie die Geraden mit den Gleichungen $x = 2$ und $x = 4$ miteinander einschließen.

Lösung:

$$A = \int\limits_{2}^{4} (f(x) - g(x))\, dx$$

$$= \int\limits_{2}^{4} \left(\tfrac{1}{4}x^2 - x + 2\right) dx$$

$$= \left[\tfrac{1}{12}x^3 - \tfrac{x^2}{2} + 2x\right]_{2}^{4}$$

$$= \left(\tfrac{64}{12} - 8 + 8\right) - \left(\tfrac{8}{12} - 2 + 4\right) = \tfrac{16}{3} - 8 + 8 - \tfrac{2}{3} + 2 - 4$$

$$= \tfrac{8}{3}\ \text{FE}$$

2. Bestimmen Sie die Flächenmaßzahl des Flächenstücks, das die Graphen der Funktionen $f: x \mapsto f(x) = -x^3 + 3x^2$ und $g: x \mapsto g(x) = x^2 - 3x$ im I. und IV. Quadranten begrenzen.

Lösung:
Die Graphen schneiden sich in den Punkten $N_1(-1\,|\,4)$, $N_2(0\,|\,0)$ und $N_3(3\,|\,0)$. Für den gesuchten Flächeninhalt gilt:

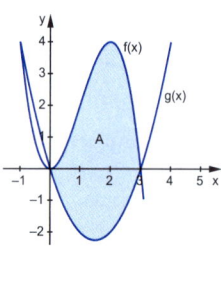

$$A = \int\limits_{0}^{3} (f(x) - g(x))\, dx$$

$$= \int\limits_{0}^{3} (-x^3 + 3x^2 - x^2 + 3x)\, dx$$

$$= \int\limits_{0}^{3} (-x^3 + 2x^2 + 3x)\, dx$$

$$= \left[-\tfrac{x^4}{4} + \tfrac{2x^3}{3} + \tfrac{3x^2}{2}\right]_{0}^{3}$$

$$= -\tfrac{81}{4} + \tfrac{54}{3} + \tfrac{27}{2} = \tfrac{45}{4}\ \text{FE}$$

3. Bestimmen Sie die Flächenmaßzahl des Flächenstücks, welches der Graph der Funktion h: $x \mapsto h(x) = 2e^{-x} - 1$ mit den beiden Koordinatenachsen im I. Quadranten begrenzt.

Lösung:

Berechnung der Koordinaten der Achsenschnittpunkte:

x-Achse: $h(x) = 0$: $2e^{-x} - 1 = 0$; $e^{-x} = \frac{1}{2}$; $-x = \ln(\frac{1}{2})$

$$-x = \ln(1) - \ln(2); \quad x = \ln(2) \approx 0,69$$
$$\Rightarrow \ N(\ln(2) \,|\, 0)$$

y-Achse: $x = 0$: $h(0) = 2e^0 - 1 = 1 \ \Rightarrow \ S(0 \,|\, 1)$

Für den gesuchten Flächeninhalt gilt also:

$$A = \int\limits_0^{\ln(2)} h(x)\,dx$$

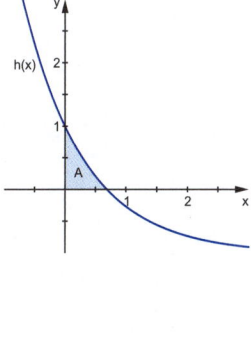

$$= \int\limits_0^{\ln(2)} (2e^{-x} - 1)\,dx$$

$$= \left[-2e^{-x} - x \right]_0^{\ln(2)}$$

$$= \left(-2e^{-\ln(2)} - \ln(2) \right) - (-2 - 0)$$

$$= -2 \cdot \frac{1}{e^{\ln(2)}} - \ln(2) + 2$$

$$= -2 \cdot \frac{1}{2} - \ln(2) + 2$$

$$= 1 - \ln(2) \approx 0,31 \text{ FE}$$

Stochastik ◄

1 Zufallsexperiment und Ereignis

1.1 Ergebnisraum eines Zufallsexperiments

Die Wahrscheinlichkeitsrechnung oder Stochastik beschäftigt sich mit der Erforschung zufälliger Erscheinungen, um aus ihnen Vorhersagen für die Wahrscheinlichkeit ihres Eintretens zu machen. Dazu wird eine Reihe von Grundbegriffen benötigt. Es gibt viele Experimente, z. B. in der Physik, bei denen unter bestimmten Voraussetzungen das Ergebnis genau vorausgesagt werden kann. In der Stochastik gilt dagegen:

Zufallsexperiment und Ergebnisraum
Ein Experiment, bei dem der einzelne Ausgang nicht voraussagbar ist, heißt **Zufallsexperiment**. Jeder mögliche Ausgang des Zufallsexperiments heißt **Ergebnis ω**. Die Menge $\Omega = \{\omega_1; \omega_2; \ldots; \omega_n\}$ aller möglichen Ergebnisse eines Zufallsexperiments heißt **Ergebnisraum (Ergebnismenge)**, wobei $|\Omega|$, die **Mächtigkeit** des Ergebnisraumes, die Anzahl der möglichen Ergebnisse in Ω angibt.

Beispiel

Einmaliges Ziehen aus einer **Urne** mit acht gleichartigen Kugeln, von denen fünf rot (r), zwei schwarz (s) und eine grün (g) sind.
$\Omega = \{r; s; g\} \implies |\Omega| = 3$

Dabei ist eine Urne als Zufallsgerät so beschaffen, dass sie Kugeln gleicher Größe und Beschaffenheit enthält, die sich nur durch ein Merkmal wie Farbe, aufgeschriebene Zahl etc. unterscheiden. Aus dieser Urne soll ein Ziehen so möglich sein, dass man erst nach dem Ziehen feststellen kann, welches Merkmal die Kugel trägt.

Mehrstufiges Zufallsexperiment und Baumdiagramm
Ein Zufallsexperiment heißt **mehrstufiges Zufallsexperiment**, wenn es aus mehreren Schritten besteht. Dabei können verschiedene Zufallsexperimente hintereinander oder ein einzelnes mehrmals ausgeführt werden. Mehrstufige Zufallsexperimente können mithilfe eines **Baumdiagramms** dargestellt werden.

Beispiel

1. Eine Münze wird zweimal hintereinander geworfen und die jeweils oben liegenden Seiten (Zahl Z oder Wappen W) werden als Paare angegeben. Zeichnen Sie ein Baumdiagramm und bestimmen Sie den Ergebnisraum.

    Lösung:

    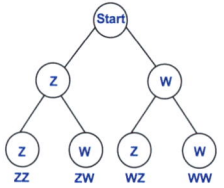

    $\Omega = \{ZZ; ZW; WZ; WW\}$

2. Aus einem Lostopf mit einem Gewinnlos und fünf Nieten werden zwei Lose nacheinander gezogen. Zeichnen Sie ein Baumdiagramm und bestimmen Sie den Ergebnisraum.

    Lösung:

    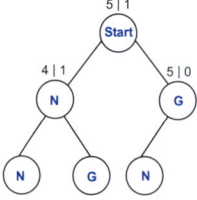

    $\Omega = \{NN; NG; GN\}$

    Das Ergebnis GG ist nicht möglich.

Urnenmodell
Viele Zufallsexperimente lassen sich durch Ziehen von
Kugeln (mit Zurücklegen oder ohne Zurücklegen) aus einer
geeignet bestückten Urne simulieren. Baumdiagramm und
Ergebnisraum stimmen in ihrer Struktur mit dem Original-
experiment überein.

Urnenexperiment zum zweimaligen Münzwurf (vgl. Beispiel 1
auf der vorhergehenden Seite):

Beispiel

Aus einer Urne mit gleich vielen schwarzen und weißen Kugeln
wird zweimal nacheinander eine Kugel mit Zurücklegen gezogen.
Zeichnen Sie ein Baumdiagramm und bestimmen Sie den Ergebnisraum.

Lösung:

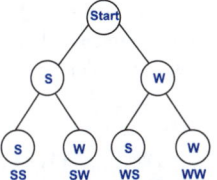

$\Omega = \{SS; SW; WS; WW\}$

Baumdiagramm und Ergebnisraum besitzen dieselbe Struktur wie
beim zweimaligen Münzwurf.

Ein Ergebnis eines mehrstufigen Zufallsexperiments besteht aus
einer Abfolge von n Einzelergebnissen.

Pfad im Baumdiagramm
Die Ergebnisse eines **n-stufigen Zufallsexperiments** sind
n-Tupel $a_1 a_2 \ldots a_n$, wobei jedes a_i, $i = 1, \ldots, n$ irgendein Ergebnis des einstufigen Zufallsexperiments ist. Jedes n-Tupel
entspricht einem **Pfad** durch den Baum.

Beispiel

1. Aus einer Urne mit sechs Kugeln, fünf roten und einer schwarzen, werden drei Kugeln **mit** Zurücklegen gezogen. Bestimmen Sie die Ergebnismenge mithilfe eines Baumdiagramms. Der Urneninhalt bleibt stets gleich.

   Lösung:

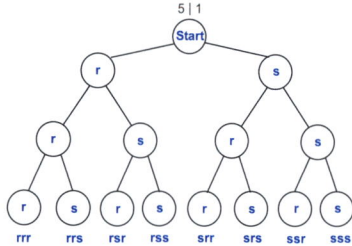

   Das Ergebnis ist ein Tripel (3-Tupel) aus den Einzelergebnissen r und s.
   $\Omega = \{rrr;\ rrs;\ rsr;\ rss;\ srr;\ srs;\ ssr;\ sss\}$
   $\Rightarrow\ |\Omega| = 8$

2. Aus derselben Urne wie in Beispiel 1 werden nun drei Kugeln **ohne** Zurücklegen gezogen. Bestimmen Sie wiederum die Ergebnismenge mithilfe eines Baumdiagramms. Der Urneninhalt ändert sich von Zug zu Zug. Er wird in jeder Stufe in Kurzform angegeben.

   Lösung:

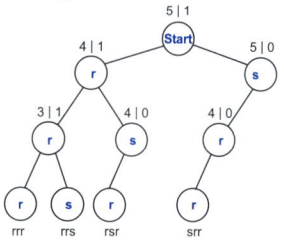

   Das Ergebnis ist ein Tripel (3-Tupel) aus den Einzelergebnissen r und s.
   $\Omega = \{rrr;\ rrs;\ rsr;\ srr\}$
   $\Rightarrow\ |\Omega| = 4$

1.2 Ereignisse und Ereignisraum

Definition des Ereignisses

Nicht immer interessiert man sich für alle möglichen Ergebnisse eines Zufallsexperiments. Man beschränkt sich auf eine Auswahl und definiert den Begriff des Ereignisses.

Ereignis
Jede Teilmenge des endlichen Ergebnisraumes Ω heißt **Ereignis A**, d. h. $A \subseteq \Omega$. Ein Ereignis $\{\omega\}$, d. h. eine Teilmenge mit nur einem Ergebnis, heißt **Elementarereignis**. Die Menge aller Ereignisse heißt **Ereignisraum P(Ω)**.

Werfen eines Würfels und Feststellen der Augenzahl **Beispiel**
$\Rightarrow$ $\Omega = \{1; 2; 3; 4; 5; 6\}$
Ereignis A: „Augenzahl gerade" $\Rightarrow$ $A = \{2; 4; 6\}$

Darstellungsmöglichkeiten:
Mengendiagramm   Feldertafel
oder Venn-Diagramm

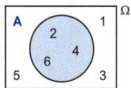   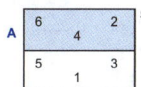

Im Folgenden wird die Gesamtzahl aller Ereignisse untersucht.

$\Omega = \{0; 1; 2\}$. Gesucht sind alle möglichen Ereignisse, d. h. P(Ω). **Beispiel**
P(Ω) enthält:
$\{\}$ (leere Menge = **unmögliches** Ereignis)
$\{0\}, \{1\}, \{2\}$ (Elementarereignisse)
$\{0; 1\}, \{0; 2\}, \{1; 2\}$
$\{0; 1; 2\}$ (Ω = **sicheres** Ereignis)
$P(\Omega) = \{\{\}; \{0\}; \{1\}; \{2\}; \{0; 1\}; \{0; 2\}; \{1; 2\}; \{0; 1; 2\}\}$
$\Rightarrow$ $|P(\Omega)| = 2^3 = 8$

Entsprechendes gilt allgemein:

Mächtigkeit des Ereignisraumes
Hat der Ergebnisraum Ω die Mächtigkeit n, d. h. $|\Omega| = n$, dann hat der Ereignisraum P(Ω) die Mächtigkeit $|P(\Omega)| = 2^n$.

Verknüpfungen von Ereignissen

Zwei Ereignisse A und B eines Ereignisraumes Ω lassen sich auf verschiedene Weisen miteinander verknüpfen. Die Verknüpfungen und ihre Darstellungen werden anhand eines Beispiels erläutert.

Beispiel Ein Würfel wird einmal geworfen und die Augenzahl festgestellt. Betrachtet werden die Ereignisse A: „Augenzahl gerade", d. h. A = {2; 4; 6}, und B: „Augenzahl prim", d. h. B = {2; 3; 5}.

Die **Schnittmenge A $\cap$ B** enthält alle Ergebnisse, die sowohl in A als auch in B enthalten sind:

A **und** B: A $\cap$ B
und = und zugleich
A $\cap$ B = {2}
Zwei Ereignisse A und
B heißen **unvereinbar**,
wenn gilt: A $\cap$ B = { }

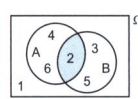

Die **Vereinigungsmenge A $\cup$ B** enthält alle Ergebnisse, die in A oder in B enthalten sind:

A **oder** B: A $\cup$ B
oder = oder auch
A $\cup$ B = {2; 3; 4; 5; 6}

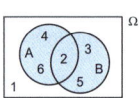
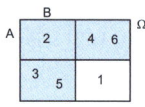

Die **Komplementärmenge $\overline{A}$** enthält alle Ergebnisse, die nicht in A enthalten sind:

Nicht A: $\overline{A}$
$\overline{A}$ heißt **Gegenereignis**
zu A.
$\overline{A}$ = {1; 3; 5}

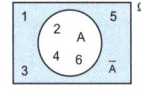
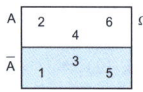

Das **relative Komplement A \ B** enthält alle Ergebnisse von A ohne die Ergebnisse von B:

A **ohne** B: A \ B
A \ B = {4; 6}
Es gilt allgemein:
A \ B = A $\cap$ $\overline{B}$

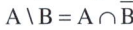
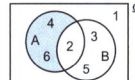

Die möglichen Schnittmengen zwischen zwei Ereignissen und den jeweiligen Gegenereignissen lassen sich mit einer **Vierfeldertafel** übersichtlich darstellen:

	B	$\overline{B}$
A	$A \cap B$	$A \cap \overline{B}$
$\overline{A}$	$\overline{A} \cap B$	$\overline{A} \cap \overline{B}$

Die vier Mengen $A \cap B$, $A \cap \overline{B}$, $\overline{A} \cap B$ und $\overline{A} \cap \overline{B}$ bilden eine **disjunkte Zerlegung** von Ω, d. h., die Mengen besitzen keine gemeinsamen Elemente und ihre Vereinigungsmenge ergibt Ω.

In diesem Beispiel:

	B	$\overline{B}$
A	2	6 4
$\overline{A}$	5 3	1

Für das Verknüpfen von Ereignissen aus $P(\Omega)$ mit den Verknüpfungen $\cap$, $\cup$, $^-$ gelten verschiedene Gesetze, von denen hier nur einige wichtige genannt seien:

1. **Kommutativgesetze:**
   $A \cap B = B \cap A$ $A \cup B = B \cup A$

2. **Assoziativgesetze:**
   $(A \cap B) \cap C = A \cap (B \cap C)$ $(A \cup B) \cup C = A \cup (B \cup C)$

3. **Distributivgesetze:**
   $A \cap (B \cup C) =$ $A \cup (B \cap C) =$
   $(A \cap B) \cup (A \cap C)$ $(A \cup B) \cap (A \cup C)$

4. **Gesetze von de Morgan:**
   $\overline{A \cap B} = \overline{A} \cup \overline{B}$ $\overline{A \cup B} = \overline{A} \cap \overline{B}$

5. **Neutrale Elemente:**
   $A \cap \Omega = A$ $A \cup \{\} = A$

6. **Dominante Elemente:**
   $A \cap \{\} = \{\}$ $A \cup \Omega = \Omega$

7. **Komplement:**

$A \cap \overline{A} = \{\}$ $A \cup \overline{A} = \Omega$

8. **Doppeltes Komplement:**

$\overline{\overline{A}} = A$

Die **Teilmengenbeziehung E ⊂ F** bedeutet für zwei Ereignisse
E, F ⊂ Ω, dass das Ereignis E das Ereignis F **nach sich zieht**,
d. h., wenn das Ereignis E eintritt, tritt auch das Ereignis F ein.

Beispiel

1. Für das einmalige Werfen eines Würfels seien die Ereignisse
   E: „Zahl kleiner 2", d. h. E = {1}, und F: „ungerade Zahl",
   d. h. F = {1; 3; 5}, definiert.
   Dann gilt: E ⊂ F oder E zieht F nach sich, d. h., wenn E eintritt, ist auch F eingetreten.

2. Eine Urne enthält vier Kugeln, die mit den Ziffern 1, 3, 6 und
   7 beschriftet sind. Es werden zwei Kugeln nacheinander ohne
   Zurücklegen gezogen, und die Ziffern werden als zweistellige
   Zahl notiert (z. B. 13).

   a) Zeichnen Sie ein Baumdiagramm und geben Sie den Er-
      gebnisraum Ω dieses Zufallsexperiments an. Bestimmen
      Sie ferner die Mächtigkeit von Ω.

   b) Ergänzen Sie bei folgenden Ereignissen die fehlende Text-
      bzw. Mengenschreibweise:
      A: „Man erhält eine gerade Zahl."
      B = {13; 16; 17; 36; 37; 67}
      C: „Man erhält eine Zahl größer 66."

   c) Stellen Sie die Ereignisse A\C und $\overline{\overline{B} \cup \overline{C}}$ in der Mengen-
      schreibweise dar und untersuchen Sie, ob das Ereignis
      $A \cap \overline{C}$ das Ereignis B nach sich zieht.

Lösung:

a) Baumdiagramm:

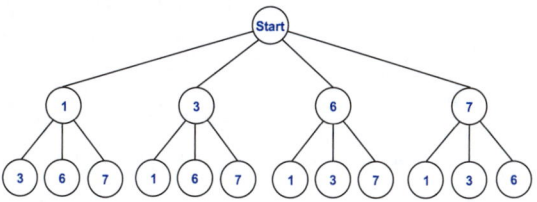

$\Omega = \{13; 16; 17; 31; 36; 37; 61; 63; 67; 71; 73; 76\}$

$|\Omega| = 12$

Mit dem Zählprinzip (siehe Kapitel 3) ergibt sich die Mächtigkeit direkt als Anzahl der 2-Tupel aus einer Menge mit 4 Elementen:

$|\Omega| = 4 \cdot 3 = 12$

b) $A = \{16; 36; 76\}$

B: „Die zweite Ziffer ist größer als die erste."

$C = \{67; 71; 73; 76\}$

c) $A \setminus C = \{16; 36\}$

$\overline{B \cup C} = \overline{B} \cap \overline{\overline{C}} = \overline{B} \cap C$ (Gesetze von de Morgan)

$\qquad = \{71; 73; 76\}$

$A \cap \overline{C} = A \setminus C = \{16; 36\} \subset B \;\Rightarrow\; A \cap \overline{C}$ zieht B nach sich.

2 Relative Häufigkeit und Wahrscheinlichkeit

2.1 Relative Häufigkeit

Wenn man ein Zufallsexperiment n-mal ausführt, erhält man eine endliche Anzahl von Versuchsergebnissen. Diese untersucht man genauer, um Rückschlüsse auf das Experiment bzw. auf die Vorhersagbarkeit des Auftretens eines Ereignisses zu erhalten. Dazu definiert man:

Relative Häufigkeit

Das Ereignis A tritt bei n Versuchen k-mal ein. Dann heißt die Zahl $h_n(A) = \frac{k}{n}$ die relative Häufigkeit des Ereignisses A in der Versuchsfolge. Die relative Häufigkeit eines Ereignisses A besitzt die folgenden Eigenschaften:

1. $0 \leq h_n(A) \leq 1$
2. $A = \{\omega_1; \omega_2; \ldots; \omega_n\}$
   $\Rightarrow h_n(A) = h_n(\{\omega_1\}) + h_n(\{\omega_2\}) + \ldots + h_n(\{\omega_n\})$
3. $h_n(\Omega) = 1$ und $h_n(\{\}) = 0$
4. $h_n(A \cup B) = h_n(A) + h_n(B) - h_n(A \cap B)$ (Satz von Sylvester)
5. $h_n(\overline{A}) = 1 - h_n(A)$

Ein Würfel wird 50-mal geworfen. Die Ergebnisse sind in der folgenden Tabelle zusammengefasst, wobei die relative Häufigkeit sowohl als gemeiner Bruch (ungekürzt) oder als Dezimalbruch angegeben werden kann.

Beispiel

Ereignis	1	2	3	4	5	6
Absolute Häufigkeit	10	8	7	9	6	10
Relative Häufigkeit	$\frac{10}{50}$	$\frac{8}{50}$	$\frac{7}{50}$	$\frac{9}{50}$	$\frac{6}{50}$	$\frac{10}{50}$
	0,20	0,16	0,14	0,18	0,12	0,20

Das Ereignis A: „Augenzahl gerade" besitzt die folgende relative Häufigkeit:

$$h_{50}(A) = \frac{8+9+10}{50} = \frac{27}{50} = 0,54$$

Das Gegenereignis $\overline{A}$: „Augenzahl ungerade" besitzt die relative Häufigkeit

$$h_{50}(\overline{A}) = \frac{10+7+6}{50} = \frac{23}{50} = 0,46$$

oder mit Eigenschaft 5:

$$h_{50}(\overline{A}) = 1 - h_{50}(A) = 1 - 0,54 = 0,46$$

Für das Ereignis B: „Augenzahl prim" gilt:

$$h_{50}(B) = \frac{8+7+6}{50} = \frac{21}{50} = 0,42 \quad \text{und somit}$$

$$h_{50}(A \cap B) = h_{50}(\{2\}) = \frac{8}{50} = 0,16$$

Die relativen Häufigkeiten zweier Ereignisse, ihrer Gegenereignisse und aller möglichen Schnittmengen können in einer Vierfeldertafel übersichtlich dargestellt werden:

	A	$\overline{A}$	
B	$h_n(A \cap B)$	$h_n(\overline{A} \cap B)$	$h_n(B)$
$\overline{B}$	$h_n(A \cap \overline{B})$	$h_n(\overline{A} \cap \overline{B})$	$h_n(\overline{B})$
	$h_n(A)$	$h_n(\overline{A})$	1

Die Zahlenwerte außerhalb der vier inneren Felder ergeben sich als Zeilen- bzw. Spaltensumme.

Trägt man die oben berechneten relativen Häufigkeiten zu den Ereignissen A und B in eine Vierfeldertafel ein, kann man die fehlenden Zahlenwerte berechnen:

	A	$\overline{A}$	
B	**0,16**	0,26	**0,42**
$\overline{B}$	0,38	0,20	0,58
	0,54	0,46	1

An diesem Zahlenbeispiel lässt sich der Satz von Sylvester verdeutlichen:

$$h_n(A \cup B) = h_n(A) + h_n(B) - h_n(A \cap B)$$
$$= 0,54 + 0,42 - 0,16 = 0,8$$

Es gilt aber auch:

$$h_n(A \cup B) = 1 - h_n(\overline{A} \cap \overline{B})$$
$$= 1 - 0,2 = 0,8$$

2.2 Die Wahrscheinlichkeit eines Ereignisses

Wenn man bei einem Zufallsexperiment die Zahl der Ausführungen erhöht und jeweils die relative Häufigkeit eines Ereignisses A berechnet, dann zeigt sich, dass sich mit zunehmender Zahl von Ausführungen die relative Häufigkeit $h_n(A)$ dieses Ereignisses immer mehr um einen bestimmten Wert stabilisiert.
Es gilt:

> **Empirisches Gesetz der großen Zahlen**
> Nach einer hinreichend großen Anzahl von Versuchen ist die relative Häufigkeit $h_n(A)$ eines Ereignisses A ungefähr gleich einem festen Zahlenwert, d. h., die relative Häufigkeit stabilisiert sich.

Beispiel

Ein Würfel wurde 300-mal geworfen und nach jeweils 30 Würfen wurde die relative Häufigkeit für das Ereignis A: „Augenzahl 6" berechnet und in einer Tabelle dargestellt. Die Grafik (auf der nächsten Seite) zeigt die Stabilisierung der relativen Häufigkeit $h_n(A)$ mit wachsendem n.

n	Zahl der Sechser	$h_n(A)$
30	6	0,200
60	10	0,167
90	12	0,133
120	15	0,125
150	26	0,173
180	29	0,161
210	33	0,157
240	41	0,171
270	47	0,174
300	51	0,170

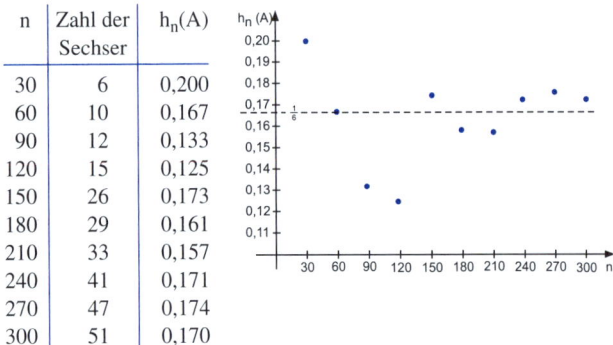

Obwohl sich die relative Häufigkeit von Versuch zu Versuch ändert, kann man davon ausgehen, dass sich die relative Häufigkeit eines Ereignisses A auf eine Zahl stabilisiert, die man die Wahrscheinlichkeit P(A) des Ereignisses nennt. Die Wahrscheinlichkeit eines Ereignisses existiert und bei einer hinreichend großen Zahl von Versuchsausführungen ist es praktisch sicher, dass die relative Häufigkeit ungefähr gleich der **Wahrscheinlichkeit P(A)** des Ereignisses A ist, d. h., es gilt:
$$h_n(A) \approx P(A)$$

1933 gelang es A. N. Kolmogorow (1903–1987), drei Axiome anzugeben, die genügen, um eine Theorie der Wahrscheinlichkeit aufzubauen. Die drei Axiome orientieren sich an den Eigenschaften der relativen Häufigkeit.

Wahrscheinlichkeit

Wenn eine Funktion P: $P(\Omega) \to \mathbb{R}$ jedem Ereignis $A \subset \Omega$ eine reelle Zahl P(A) zuordnet, heißt P(A) Wahrscheinlichkeit des Ereignisses A, wenn gilt:

1. $P(A) \geq 0$
2. $P(\Omega) = 1$
3. $A \cap B = \{\} \;\Rightarrow\; P(A \cup B) = P(A) + P(B)$
   für zwei Ereignisse A, B $\subset \Omega$

Aus diesen Axiomen lassen sich folgende weitere Eigenschaften der Wahrscheinlichkeit herleiten, die denen der relativen Häufigkeit entsprechen (vergleiche Seite 91):

(1) $P(\overline{A}) = 1 - P(A)$

(2) $P(\{\}) = 0$

(3) $0 \leq P(A) \leq 1$

(4) $A = \{\omega_1; \omega_2; \ldots; \omega_n\}$

$\Rightarrow \quad P(A) = P(\{\omega_1\}) + P(\{\omega_2\}) + \ldots + P(\{\omega_n\})$

Es genügt also, die Wahrscheinlichkeiten aller Elementarereignisse zu kennen.

(5) $P(A \cup B) = P(A) + P(B) - P(A \cap B)$ (Satz von Sylvester)

1. Ein Würfel ist so beschwert, dass die Wahrscheinlichkeit, k Augen zu werfen, proportional zu k ist. Bestimmen Sie die Wahrscheinlichkeiten aller Elementarereignisse für einmaliges Würfeln, und berechnen Sie die Wahrscheinlichkeit des Ereignisses A: „ungerade Augenzahl".

   Beispiel

   Lösung:
   $P(\text{„1"}) = x; \; P(\text{„2"}) = 2 \cdot P(\text{„1"}) = 2 \cdot x; \; \ldots; \; P(\text{„6"}) = 6x$
   $1 = P(\Omega) = P(\text{„1"}) + \ldots + P(\text{„6"}) = x + 2x + 3x + \ldots + 6x$

   $1 = 21x;$

   $x = \frac{1}{21} \Rightarrow$

ω_i	1	2	3	4	5	6
$P(\omega_i)$	$\frac{1}{21}$	$\frac{2}{21}$	$\frac{3}{21}$	$\frac{4}{21}$	$\frac{5}{21}$	$\frac{6}{21}$

   $P(A) = P(\text{„1"}) + P(\text{„3"}) + P(\text{„5"}) = \frac{1}{21} + \frac{3}{21} + \frac{5}{21} = \frac{9}{21}$

2. Ein defekter Kaffeeautomat gibt nach dem Geldeinwurf nur in der Hälfte aller Fälle auch den Kaffee aus. Die Wahrscheinlichkeit, dass der Automat das eingeworfene Geld zurückgibt, beträgt 0,2. Bei $\frac{1}{4}$ aller Geldeinwürfe reagiert der Kaffeeautomat überhaupt nicht.
   Erstellen Sie eine Vierfeldertafel für die Ereignisse K: „Der Automat gibt Kaffee aus." und G: „Der Automat gibt das eingeworfene Geld zurück.", und ermitteln Sie die Wahrscheinlichkeit des Ereignisses E: „Der Automat arbeitet einwandfrei."

Lösung:

	K	$\overline{\text{K}}$	
G	0,05	0,25	**0,20**
$\overline{\text{G}}$	0,45	**0,25**	0,80
	0,5	0,5	1

$$P(E) = P(K \cap \overline{G})$$
$$= 0,45$$

2.3 Laplace-Experimente

Bei bestimmten Zufallsexperimenten kann man in guter Näherung davon ausgehen, dass alle Elementarereignisse **gleichwahrscheinlich** sind. So wird z. B. beim Werfen eines völlig symmetrisch gearbeiteten Würfels keine Seite bevorzugt. Da es in der Praxis immer Abweichungen von diesem Idealfall gibt, verwenden wir für unsere Zufallsexperimente ideale Spielgeräte, also z. B. einen **idealen Würfel** oder eine **ideale Münze**, bei denen solche Abweichungen ausgeschlossen sind.

Da Pierre Laplace in seinen Überlegungen zur Wahrscheinlichkeitstheorie mit solchen Verteilungen gearbeitet hat, nennt man Experimente, die auf eine gleichmäßige Wahrscheinlichkeitsverteilung führen, **Laplace-Experimente**, die zugehörigen Ereigniswahrscheinlichkeiten **Laplace-Wahrscheinlichkeiten**.

Wenn alle Elementarereignisse eines Zufallsexperiments die gleiche Wahrscheinlichkeit p besitzen, gilt:

$$P(\{\omega_1\}) = P(\{\omega_2\}) = P(\{\omega_3\}) = \ldots = P(\{\omega_n\}) = p$$

Aus $|\Omega| = n$ und $P(\Omega) = 1$ folgt dann, dass $p = \frac{1}{n}$ gilt.

Lässt sich das Ereignis A als Vereinigung von k Elementarereignissen darstellen, d. h., gilt $|A| = k$, dann ergibt sich:

$$P(A) = \underbrace{\frac{1}{n} + \frac{1}{n} + \ldots + \frac{1}{n}}_{k\text{-mal}} = \frac{k}{n} = \frac{|A|}{|\Omega|}$$

$$\Rightarrow \quad \mathbf{P(A)} = \frac{|A|}{|\Omega|} = \frac{\text{Anzahl der für A günstigen Ergebnisse}}{\text{Anzahl aller möglichen Ergebnisse}}$$

1. Ein idealer Würfel wird geworfen.
   $\Omega = \{1; 2; 3; \ldots; 6\}$; $|\Omega| = 6$ $\Rightarrow$ $P(\{\omega_i\}) = \frac{1}{6}$

   also z. B. $P(\text{„}3\text{“}) = \frac{1}{6}$

   A: „gerade Augenzahl" $\Rightarrow$ $P(A) = \frac{|A|}{|\Omega|} = \frac{3}{6} = \frac{1}{2}$

2. Eine Ideale Münze mit den Seiten W und Z wird geworfen.

   Einmaliger
   Münzenwurf

Ω	W	Z
$P(\{\omega\})$	$\frac{1}{2}$	$\frac{1}{2}$

   Zweimaliger
   Münzenwurf

Ω	WW	WZ	ZW	ZZ
$P(\{\omega\})$	$\frac{1}{4}$	$\frac{1}{4}$	$\frac{1}{4}$	$\frac{1}{4}$

   $P(\text{„mindestens einmal Zahl"}) = \frac{3}{4}$

2.4 Mehrstufige Zufallsexperimente und Pfadregeln

Ein mehrstufiges Zufallsexperiment lässt sich in einem Baumdiagramm darstellen, wobei ein Elementarereignis als ein Pfad in
diesem Baumdiagramm gedeutet werden kann. Für die Berechnung der Wahrscheinlichkeit der Ereignisse gelten die Pfadregeln:

Pfadregeln

Die Summe aller Wahrscheinlichkeiten, die von einem Ver-
zweigungspunkt ausgehen, ist stets 1.

Die **1. Pfadregel** liefert die Wahrscheinlichkeit eines Elementarereignisses: In einem Baumdiagramm ist die Wahrscheinlichkeit eines Pfades gleich dem Produkt der Wahrscheinlichkeiten seiner Zweige.

Die **2. Pfadregel** liefert die Wahrscheinlichkeit eines Ereignisses: Die Wahrscheinlichkeit eines Ereignisses erhält man
als Summe der Wahrscheinlichkeiten aller Pfade, die zu diesem Ereignis führen.

Fast jedes Anwendungsbeispiel für ein mehrstufiges Zufallsexperiment kann durch Ziehen von Kugeln aus einer Urne, die mit geeigneten unterscheidbaren Kugeln bestückt ist, modellhaft simuliert werden. Man spricht daher vom **Urnenmodell** und unterscheidet zwischen Ziehen mit Zurücklegen und Ziehen ohne Zurücklegen.

Beispiel

1. Eine Urne enthält sechs Kugeln, drei rote, zwei schwarze und eine weiße. Es werden zwei Kugeln nacheinander **ohne Zurücklegen** gezogen. Bestimmen Sie die Wahrscheinlichkeiten der Elementarereignisse sowie die Wahrscheinlichkeit des Ereignisses A: „Beide gezogenen Kugeln sind gleichfarbig."

   Lösung:
   Aus dem jeweiligen Urneninhalt erhält man die Wahrscheinlichkeitsverteilung der einzelnen Stufen.

   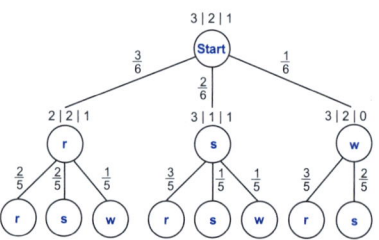

   Die Wahrscheinlichkeit des Elementarereignisses $\{rr\}$ erhält man über:

   $$P(\{rr\}) = \tfrac{2}{5} \text{ von } \tfrac{3}{6} = \tfrac{3}{6} \cdot \tfrac{2}{5} = \tfrac{6}{30} = 0,2$$

ω	rr	rs	rw	sr	ss	sw	wr	ws
$P(\{\omega\})$	$\frac{6}{30}$	$\frac{6}{30}$	$\frac{3}{30}$	$\frac{6}{30}$	$\frac{2}{30}$	$\frac{2}{30}$	$\frac{3}{30}$	$\frac{2}{30}$

   Kontrolle: Die Summe aller Wahrscheinlichkeiten ergibt 1.

   $$P(A) = P(\{rr\}) + P(\{ss\}) = \tfrac{6}{30} + \tfrac{2}{30} = \tfrac{8}{30} \approx 0,27$$

2. Gleiche Urne wie im Beispiel 1 (oben), aber es werden zwei Kugeln **mit Zurücklegen** gezogen.
   Bestimmen Sie die Wahrscheinlichkeit des Ereignisses A: „Beide gezogenen Kugeln sind gleichfarbig".

Lösung:
Die Wahrscheinlichkeiten bleiben von Zug zu Zug gleich.

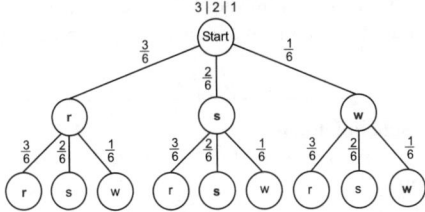

$P(A) = P(\{rr\}) + P(\{ss\}) + P(\{ww\})$

$= \left(\tfrac{3}{6}\right)^2 + \left(\tfrac{2}{6}\right)^2 + \left(\tfrac{1}{6}\right)^2 = \tfrac{9}{36} + \tfrac{4}{36} + \tfrac{1}{36} = \tfrac{14}{36} \approx 0,39$

3. Gleiche Urne wie im Beispiel 1 auf der vorherigen Seite, aber es wird solange eine Kugel ohne Zurücklegen gezogen, bis man eine rote Kugel erhält. Zeichnen Sie ein Baumdiagramm und berechnen Sie die Wahrscheinlichkeiten aller Elementarereignisse.

Lösung:
Nun interessiert bei jedem Zug nur noch, ob die gezogene Kugel rot ist (r) oder nicht ($\overline{r}$):

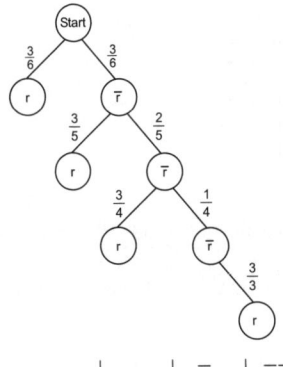

ω	r	$\overline{r}\,r$	$\overline{r}\,\overline{r}\,r$	$\overline{r}\,\overline{r}\,\overline{r}\,r$
$P(\{\omega\})$	$\tfrac{10}{20}$	$\tfrac{6}{20}$	$\tfrac{3}{20}$	$\tfrac{1}{20}$

2.5 Bedingte Wahrscheinlichkeit

Manchmal interessiert man sich für die Wahrscheinlichkeit, mit der ein Ereignis B eintritt, wenn ein anderes Ereignis A bereits eingetreten ist.

Bedingte Wahrscheinlichkeit

Für zwei Ereignisse A, B $\subset \Omega$ und P(A) > 0 heißt

$$P_A(B) = \frac{P(A \cap B)}{P(A)}$$

bedingte Wahrscheinlichkeit von B unter der Bedingung, dass A eingetreten ist.

Beispiel

1. An einer Universität sind 60 % der Studierenden weiblich. 3 von 10 Studierenden rauchen und 40 % sind weibliche Nichtraucher.

   Erstellen Sie eine Vierfeldertafel für die Merkmale W (für weiblich) und R (für Raucher), berechnen Sie die bedingten Wahrscheinlichkeiten $P_R(W)$ und $P_W(R)$ und interpretieren Sie diese im gegebenen Sachzusammenhang.

   Lösung:

	W	$\overline{W}$	
R	0,2	0,1	**0,3**
$\overline{R}$	**0,4**	0,3	0,7
	0,6	0,4	1

   $P_R(W) = \frac{P(R \cap W)}{P(R)} = \frac{0,2}{0,3} = \frac{2}{3}$

   Die Wahrscheinlichkeit, dass eine studierende Person weiblich ist unter der Bedingung, dass diese raucht, ist $\frac{2}{3}$.
   Oder: $\frac{2}{3}$ aller Raucher an dieser Universität sind weiblich.

   $P_W(R) = \frac{P(R \cap W)}{P(W)} = \frac{0,2}{0,6} = \frac{1}{3}$

   Die Wahrscheinlichkeit, dass eine studierende Person raucht unter der Bedingung, dass diese weiblich ist, beträgt $\frac{1}{3}$.
   Oder: $\frac{1}{3}$ aller Frauen an dieser Universität rauchen.

2. **Bedingte Wahrscheinlichkeit im Baumdiagramm**

Aus den Studierenden der Universität von Beispiel 1 wird eine beliebige Person ausgewählt und festgestellt, ob sie männlich oder weiblich ist und ob sie raucht oder nicht. Veranschaulichen Sie dieses Zufallsexperiment in einem Baumdiagramm mit allen Zweigwahrscheinlichkeiten und berechnen Sie die Wahrscheinlichkeiten aller Elementarereignisse.

Lösung:

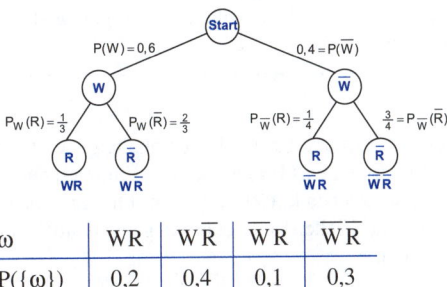

ω	WR	W$\overline{R}$	$\overline{W}$R	$\overline{W}\,\overline{R}$
$P(\{\omega\})$	0,2	0,4	0,1	0,3

Die bedingten Wahrscheinlichkeiten befinden sich in einem zweistufigen Baumdiagramm an den Zweigen der 2. Stufe. Die Wahrscheinlichkeiten der vier Elementarereignisse finden sich in den inneren vier Feldern der Vierfeldertafel.

Im vorangehenden Beispiel ist der Anteil der Raucher unter den weiblichen Studierenden höher als unter den männlichen. Die Ereignisse R und W sind **stochastisch abhängig**. Sie wären stochastisch unabhängig, wenn der Anteil der Raucher unter den weiblichen Studierenden genauso hoch wäre wie unter den männlichen und damit genauso hoch wie unter allen Studierenden. Es müsste also gelten:

$P_W(R) = P_{\overline{W}}(R) = P(R)$

Allgemein sind zwei Ereignisse A und B also **stochastisch unabhängig**, wenn das Eintreten des einen Ereignisses (z. B. Ereignis A) das Eintreten des anderen Ereignisses (z. B. Ereignis B) nicht beeinflusst, d. h., wenn gilt:

$$P_A(B) = \frac{P(A \cap B)}{P(A)} = P(B) \text{ oder } P(A \cap B) = P(A) \cdot P(B)$$

Stochastische Unabhängigkeit
Die Ereignisse A und B heißen **(stochastisch) unabhängig**, wenn gilt:
$$P(A \cap B) = P(A) \cdot P(B) \text{ oder } P_A(B) = P(B)$$
Gilt diese Gleichung nicht, dann heißen die Ereignisse stochastisch abhängig.

Anmerkung:
Da beim Ziehen mit Zurücklegen die Urneninhalte gleich bleiben, beeinflusst das Eintreten eines Ereignisses das Eintreten eines anderen nicht, d. h., das Ziehen mit Zurücklegen führt auf stochastisch unabhängige, das Ziehen ohne Zurücklegen auf stochastisch abhängige Ereignisse.

Beispiel

1. In einer Bevölkerung treten die Merkmale Haarfarbe und Augenfarbe unabhängig voneinander auf. 30 % der Bevölkerung sind blond und 42 % der Bevölkerung sind blauäugig. Mit welcher Wahrscheinlichkeit ist eine zufällig ausgewählte Person der Bevölkerung blond und blauäugig?

   Lösung:
   Mit A: „Person ist blond" und B: „Person ist blauäugig" gilt:
   $$P(A \cap B) = P(A) \cdot P(B) = 0,30 \cdot 0,42 \approx 0,13$$

2. Bei Kleinkindern treten die Krankheiten A und B unabhängig voneinander mit den Wahrscheinlichkeiten $P(A) = 0,12$ und $P(B) = 0,25$ auf.
   Bestimmen Sie aus einer Vierfeldertafel die Wahrscheinlichkeiten, dass ein zufällig ausgewähltes Kleinkind an
   a) keiner der beiden Krankheiten,
   b) genau einer der beiden Krankheiten,
   c) Krankheit A oder B
   leidet.

Lösung:

Wegen der stochastischen Unabhängigkeit gilt:

$P(A \cap B) = P(A) \cdot P(B) = 0,12 \cdot 0,25 = 0,03$

Damit kann man eine Vierfeldertafel erstellen:

	B	$\overline{B}$	
A	0,03	0,09	0,12
$\overline{A}$	0,22	0,66	0,88
	0,25	0,75	1

Die gesuchte Wahrscheinlichkeit erhält man aus der Vierfeldertafel oder aus der Produktform:

a) $P(\overline{A} \cap \overline{B}) = 0,66 = P(\overline{A}) \cdot P(\overline{B})$

b) $P(A \cap \overline{B}) + P(\overline{A} \cap B) = 0,09 + 0,22 = 0,31$
$\qquad = P(A) \cdot P(\overline{B}) + P(\overline{A}) \cdot P(B)$

c) $P(A \cup B) = 1 - P(\overline{A} \cap \overline{B}) = 1 - 0,66 = 0,34$
$\quad$ oder: $P(A \cup B) = P(A) + P(B) - P(A \cap B)$
$\qquad\qquad\qquad = 0,12 + 0,25 - 0,03 = 0,34$

3. Ein Restaurantbesitzer weiß aus Erfahrung, dass 20 % seiner Gäste keine Vorspeise und 30 % seiner Gäste keinen Nachtisch zu sich nehmen. 60 % aller Gäste essen sowohl Vorspeise als auch Nachtisch.
Überprüfen Sie, ob die Ereignisse A: „Gast isst Vorspeise" und B: „Gast isst Nachspeise" stochastisch unabhängig sind.

Lösung:

Es gilt:

$P(A) = 1 - P(\overline{A}) = 0,80$ und $P(B) = 1 - P(\overline{B}) = 0,70$

Wegen $P(A \cap B) = 0,60$ und $P(A) \cdot P(B) = 0,80 \cdot 0,70 = 0,56$ gilt $P(A \cap B) \neq P(A) \cdot P(B)$, d. h., die Ereignisse A und B sind stochastisch abhängig.

Alternativ mit bedingter Wahrscheinlichkeit:

$P_A(B) = \frac{P(A \cap B)}{P(A)} = \frac{0,6}{0,8} = 0,75 \neq P(B) = 0,7$

Also sind die Ereignisse A und B stochastisch abhängig.

3 Grundlagen der Kombinatorik

Im Folgenden werden zur Berechnung von Wahrscheinlichkeiten
Anzahlen von Ergebnissen benötigt. Um ein langwieriges Abzäh-
len zu vermeiden, werden die Berechnungsformeln der Kombina-
torik verwendet.

3.1 Allgemeines Zählprinzip

Ein wichtiges Hilfsmittel, um Anzahlen von Ergebnissen bestimmen zu können, ist das allgemeine Zählprinzip.

Allgemeines Zählprinzip
Gegeben sind k nicht leere Mengen A_1, A_2, ..., A_k mit den
Mächtigkeiten n_1, n_2, ..., n_k. Bildet man k-Tupel dadurch,
dass man an die i-te Stelle ein Element aus der i-ten Menge
setzt, so gibt es $n_1 \cdot n_2 \cdot ... \cdot n_k$ verschiedene k-Tupel
$x_1 x_2 x_3 ... x_k$ mit $x_i \in A_i$, i = 1, 2, ..., k.

Beispiel

Dem Vergnügungsausschuss eines Vereins gehören jeweils ein
Mitglied aus den Abteilungen A (zwölf geeignete Personen),
B (acht geeignete Personen) und C (24 geeignete Personen) an.
Wie viele Zusammensetzungen des Vereinsausschusses sind
möglich?

Lösung:
Es gibt $|A| \cdot |B| \cdot |C| = 12 \cdot 8 \cdot 24 = 2\,304$ mögliche Ausschüsse.

3.2 Permutationen

Sind bei einem Vorgang alle n Objekte einer Menge beteiligt,
spricht man von Permutationen. Hier werden nur Permutationen
ohne Wiederholung betrachtet.

Permutationen ohne Wiederholung
Jede Anordnung von n paarweise verschiedenen Elementen in einer bestimmten Reihenfolge heißt eine Permutation ohne Wiederholung der Elemente.
Es gibt $n! = n \cdot (n-1) \cdot (n-2) \cdot \ldots \cdot 3 \cdot 2 \cdot 1$ verschiedene Permutationen.

---

n! (gelesen: **n Fakultät**) ist die abgekürzte Schreibweise für das Produkt der ersten n natürlichen Zahlen. Es werden festgelegt:
$1! = 1$ und **$0! = 1$**
Fakultäten können mit der dafür vorgesehenen Taste am Taschenrechner bestimmt werden.

Beispiel   Fritz, Helmut, Manfred, Stefan und Ulrich stellen sich in einer Reihe auf. Wie viele verschiedene Reihenfolgen sind möglich?

Lösung:
Es gibt $5! = 5 \cdot 4 \cdot 3 \cdot 2 \cdot 1 = 120$ verschiedene Reihenfolgen.

3.3 Variationen

Bei den folgenden Abzählvorgängen werden jeweils k Elemente ausgewählt, wobei die Reihenfolge der ausgewählten Elemente eine Rolle spielt. Eine solche Auswahl heißt ein **k-Tupel**. Es gilt:

---

k-Tupel ohne Wiederholung
Für die Auswahl von k-Tupeln ohne Wiederholung aus einer Menge von n unterschiedlichen Objekten ($k \leq n$) gibt es
$\frac{n!}{(n-k)!} = n \cdot (n-1) \cdot (n-2) \cdot \ldots \cdot (n-k+1)$ Möglichkeiten.

Eine solche Auswahl, die einem Ziehen ohne Zurücklegen aus einer Urne entspricht, heißt auch **Variation ohne Wiederholung** und kann mit der nPr-Taste des Taschenrechners bestimmt werden.

Beispiel

22 Fahrer kämpfen in ihren Rennwagen bei einem Grand Prix um die „Punkteränge", d. h. die ersten acht Plätze.
Wie viele verschiedene Verteilungen auf diesen ersten acht Plätzen sind möglich?

Lösung:
Es gibt

$$\frac{22!}{(22-8)!} = \frac{22!}{14!} = 22 \cdot 21 \cdot 20 \cdot 19 \cdot 18 \cdot 17 \cdot 16 \cdot 15 = 12\,893\,126\,400$$

verschiedene Möglichkeiten.

Dürfen auch Wiederholungen in den k-Tupeln auftreten, so gilt:

> **k-Tupel mit Wiederholung**
> Für die Auswahl von k-Tupeln mit Wiederholung aus einer Menge von n unterschiedlichen Objekten gibt es n^k Möglichkeiten.

Eine solche Auswahl, die einem Ziehen mit Zurücklegen aus einer Urne entspricht, heißt auch **Variation mit Wiederholung**.

Beispiel

1. Beim Fußballtoto kann bei jedem der elf Spiele eine 1 (Heimmannschaft gewinnt), eine 0 (Unentschieden) oder eine 2 (Gastmannschaft gewinnt) angekreuzt werden.
   Wie viele verschiedene Tototipps gibt es?

   Lösung:
   Es gibt $3^{11} = 177\,147$ verschiedene Tippreihen.

2. Bei einem vierstelligen Zahlenschloss trägt jeder Ring die Ziffern 1 bis 7. Wie viele verschiedene Zahlenkombinationen können mit dem Schloss gebildet werden?

   Lösung:
   Es sind $7^4 = 2\,401$ verschiedene Zahlenkombinationen möglich.

3.4 Kombinationen

Bei den folgenden Abzählvorgängen werden jeweils k Elemente ausgewählt, wobei die Reihenfolge der ausgewählten Elemente keine Rolle spielt. Eine solche Auswahl heißt eine **k-Menge**. Es gilt:

> **k-Mengen ohne Wiederholung**
> Für die Auswahl von k-Mengen ohne Wiederholung aus einer Menge von n unterschiedlichen Objekten (k ≤ n) gibt es
>
> $\binom{n}{k}$ Möglichkeiten.

Jede solche Auswahl einer k-Menge ohne Wiederholung heißt auch **Kombination ohne Wiederholung** und kann mit der nCr-Taste des Taschenrechners bestimmt werden.

Die Zahlen

$$\binom{n}{k} = \frac{n!}{k!(n-k)!} \quad \text{für } 0 \leq k \leq n$$

heißen **Binomialkoeffizienten** (gelesen: „k aus n", früher auch „n über k"), weil sie als Koeffizienten bei der Berechnung des Binoms $(a+b)^n$ auftreten. Ordnet man die Binomialkoeffizienten für wachsendes n in Dreiecksform an, entsteht das „Pascal'sche Dreieck", an dem sich wichtige Eigenschaften der Binomialkoeffizienten erkennen lassen:

Pascal'sches Dreieck

```
n = 0:                        1
n = 1:                     1     1
n = 2:                  1     2     1
n = 3:               1     3     3     1
n = 4:            1     4     6     4     1
n = 5:         1     5    10    10     5     1
n = 6:      1     6    15    20    15     6     1
                        · · ·
```

Eigenschaften der Binomialkoeffizienten

$$\binom{n}{0} = \binom{n}{n} = 1;$$

$$\binom{n}{1} = \binom{n}{n-1} = n;$$

$$\binom{n}{k} = \binom{n}{n-k};$$

$$\binom{n}{k} + \binom{n}{k+1} = \binom{n+1}{k+1}$$

1. Aus einer Kursgruppe mit 20 Schülern können vier an einem kaufmännischen Betriebspraktikum teilnehmen.
   Wie viele verschiedene Auswahlmöglichkeiten hat die Lehrkraft für dieses Praktikum?

   Beispiel

   Lösung:

   Es gibt $\binom{20}{4} = \frac{20!}{4! \cdot 16!} = 4\,845$ Möglichkeiten der Auswahl.

2. Das wohl bekannteste Beispiel für die Auswahl einer k-Menge ist die Lotterie „6 aus 49", bei der in jeder Ziehung 6 Kugeln aus einer Urne mit 49 nummerierten Kugeln ohne Zurücklegen gezogen werden.
   Wie viele verschiedene Lottotipps sind möglich?

   Lösung:

   Es gibt $\binom{49}{6} = 13\,983\,816$ verschiedene Lottotipps bei einer Ziehung.

3.5 Zusammenfassung

Die folgende Tabelle gibt einen Überblick über die Unterscheidungsmerkmale für die verschiedenen kombinatorischen Formeln und soll damit die Verwendung der richtigen Formel bei einer Aufgabenstellung erleichtern.

	Reihenfolge	Wiederholung	Anzahl der Möglichkeiten
Permutation	berücksichtigt	keine	$n!$
Variation k-Tupel ohne Wiederholung	berücksichtigt	keine	$\frac{n!}{(n-k)!}$
Variation k-Tupel mit Wiederholung	berücksichtigt	möglich	n^k
k-Menge (Kombination)	nicht berücksichtigt	keine	$\binom{n}{k} = \frac{n!}{k!(n-k)!}$

Mit der Formel auf Seite 96

$$P(A) = \frac{|A|}{|\Omega|} = \frac{\text{Anzahl der für A günstigen Ergebnisse}}{\text{Anzahl aller möglichen Ergebnisse}}$$

und den Anzahlen, die mit den Formeln aus der obigen Übersicht bestimmt werden, berechnet man die Wahrscheinlichkeiten in den folgenden Beispielen.

Beispiel

1. In einer Klasse mit 20 Schülern, zwölf Mädchen und acht Jungen, werden die beiden Klassensprecher mit dem Los bestimmt. Mit welcher Wahrscheinlichkeit sind beide Klassensprecher Jungen?

    Lösung:

    $$P(E) = \frac{|E|}{|\Omega|} = \frac{8 \cdot 7}{20 \cdot 19} \approx 0{,}15 \quad \text{bzw.}$$

    $$P(E) = \frac{8}{20} \cdot \frac{7}{19} \approx 0{,}15$$

2. Aus der Klasse von Beispiel 1 werden vier Personen rein zufällig ausgewählt. Mit welcher Wahrscheinlichkeit haben sie im Jahr 2019 an unterschiedlichen Wochentagen Geburtstag?

    Lösung:

    $$P(E) = \frac{|E|}{|\Omega|} = \frac{7 \cdot 6 \cdot 5 \cdot 4}{7^4} \approx 0{,}35 \quad \text{oder}$$

    $$P(E) = \frac{7}{7} \cdot \frac{6}{7} \cdot \frac{5}{7} \cdot \frac{4}{7} \approx 0{,}35$$

3. Fünf Ehepaare, davon drei aus München, spielen Golf. Zur Festlegung der Paare, die gegeneinander spielen, wird jeder Dame ein Herr zugelost. Mit welcher Wahrscheinlichkeit gibt es drei Münchener Paare?

    Lösung:

    $$P(E) = \frac{|E|}{|\Omega|} = \frac{3 \cdot 2 \cdot 1 \cdot 2!}{5!} = \frac{1}{10} = 0{,}1 \quad \text{oder}$$

    $$P(E) = \frac{3}{5} \cdot \frac{2}{4} \cdot \frac{1}{3} = \frac{1}{10} = 0{,}1$$

4 Bernoulli-Ketten

Jedes beliebige Zufallsexperiment kann zu einem Experiment mit zwei Ergebnissen gemacht werden, wenn man bei der Ausführung nur fragt, ob ein bestimmtes Ereignis E eingetreten ist (Treffer T) oder nicht (Niete N), d. h., der Ergebnisraum des Zufallsexperiments kann vergröbert werden in der Form $\Omega = \{T; N\}$. Die Wahrscheinlichkeit für einen Treffer bezeichnen wir mit $P(T) = p$ und für eine Niete mit $P(N) = q = 1 - p$. Solche Zufallsexperimente haben einen eigenen Namen:

> **Bernoulli-Experiment**
> Ein Zufallsexperiment heißt Bernoulli-Experiment, wenn sein Ergebnisraum nur zwei Ergebnisse enthält.

Ein Tetraeder mit den Seiten 1, 2, 3, 4 wird einmal geworfen. Das Werfen des Tetraeders wird zu einem Bernoulli-Experiment, wenn man z. B. fragt, ob eine 4 geworfen wurde oder nicht.

Beispiel

Wenn ein Bernoulli-Experiment mehrmals hintereinander ausgeführt wird, definiert man:

> **Bernoulli-Kette**
> Ein Zufallsexperiment, das aus n unabhängigen Durchführungen eines Bernoulli-Experiments besteht, heißt **Bernoulli-Kette der Länge n** oder eine **n-stufige Bernoulli-Kette**.

Wenn eine Bernoulli-Kette der Länge n genau k Treffer besitzt, dann besitzt sie auch genau $n - k$ Nieten. Da die Ausführungen des Bernoulli-Experiments unabhängig voneinander erfolgen, gilt die Produktregel, d. h., die Wahrscheinlichkeiten werden multipliziert. Es gilt:

Wahrscheinlichkeit eines Ergebnisses

In einer Bernoulli-Kette der Länge n mit der Trefferwahrscheinlichkeit p und der Nietenwahrscheinlichkeit q = 1 − p hat jedes Ergebnis ω mit k Treffern und n − k Nieten die Wahrscheinlichkeit

$P(\{\omega\}) = p^k \cdot q^{n-k}, k = 0, 1, \ldots, n$

unabhängig davon, an welcher Stelle des n-Tupels die k Treffer stehen.

Beispiel

Ein Blumensamen keimt mit einer Wahrscheinlichkeit von 90 %. Beate steckt zehn Blumensamen in einer Reihe in ein Blumenbeet. Mit welcher Wahrscheinlichkeit keimen nur der zweite und der sechste der Samen nicht?

Lösung:
Es gilt:
$n = 10, p = 0{,}9, q = 0{,}1 \Rightarrow P(\{\omega\}) = 0{,}9^8 \cdot 0{,}1^2 \approx 0{,}0043$,
weil acht der Samen keimen und zwei nicht.

Da man die k Treffer in einem solchen Ergebnis-n-Tupel auf $\binom{n}{k}$ Plätze verteilen kann, gibt es $\binom{n}{k}$ solche n-Tupel mit k Treffern. Es gilt:

Wahrscheinlichkeit eines Ereignisses

Für die Wahrscheinlichkeit, in einer Bernoulli-Kette der Länge n mit der Trefferwahrscheinlichkeit p genau k Treffer zu erzielen, gilt die **Bernoulli-Formel**

$$P(X = k) = \binom{n}{k} \cdot p^k \cdot q^{n-k} \quad (0 \leq k \leq n)$$

unabhängig davon, an welcher Stelle des n-Tupels die k Treffer stehen.

Die Zufallsgröße X gibt bei einer Bernoulli-Kette in der Regel die Anzahl der Treffer an.

Anmerkung:
Mit dieser Formel können auch die Wahrscheinlichkeiten beim
Ziehen von Kugeln aus einer Urne **mit Zurücklegen** berechnet
werden, weil dort das Ziehen von Zug zu Zug mit der gleichen
Wahrscheinlichkeit und unabhängig erfolgt.

1. Ein guter Schütze trifft das Innere einer Zehnringscheibe mit   **Beispiel**
    einer Wahrscheinlichkeit von 95 %.
    Mit welcher Wahrscheinlichkeit trifft er bei 50 Schüssen
    a) genau 49-mal
    b) mindestens 48-mal
    die Zehn im Inneren der Scheibe?

    Lösung:

    a) $P(X = 49) = \binom{50}{49} \cdot 0,95^{49} \cdot 0,05^1 \approx 0,20$

    b) $P(X \geq 48) = P(X = 48) + P(X = 49) + P(X = 50)$
    $$= \binom{50}{48} \cdot 0,95^{48} \cdot 0,05^2 + \binom{50}{49} \cdot 0,95^{49} \cdot 0,05^1$$
    $$+ \binom{50}{50} \cdot 0,95^{50} \cdot 0,05^0$$
    $$\approx 0,54$$

2. In einer Bevölkerungsgruppe beträgt der Anteil der Personen,
    die an einer Allergie leiden, 30 %. Es werden zehn Personen
    ausgewählt.
    Mit welcher Wahrscheinlichkeit findet man unter ihnen
    a) genau vier,
    b) höchstens drei,
    die an einer Allergie leiden?

    Lösung:

    a) $P(X = 4) = \binom{10}{4} \cdot 0,3^4 \cdot 0,7^6 \approx 0,20$

    b) $P(X \leq 3) = P(X = 0) + P(X = 1) + P(X = 2) + P(X = 3)$
    $$= \binom{10}{0} \cdot 0,3^0 \cdot 0,7^{10} + \binom{10}{1} \cdot 0,3^1 \cdot 0,7^9$$
    $$+ \binom{10}{2} \cdot 0,3^2 \cdot 0,7^8 + \binom{10}{3} \cdot 0,3^3 \cdot 0,7^7$$
    $$\approx 0,65$$

3. Eine Lieferung von Fliesen enthält 10 % Ausschussware. Ein Händler überprüft 50 auf gut Glück der Lieferung entnommene Fliesen.
   Mit welcher Wahrscheinlichkeit findet er genau vier Ausschuss-Stücke?

   Lösung:
   Obwohl das Überprüfen sicher als „Ziehen ohne Zurücklegen" stattfindet, wird das Ziehen mit Zurücklegen verwendet, weil nur der Anteil p der Ausschussfliesen bekannt ist. Es gilt:

   $$P(X = 4) = \binom{50}{4} \cdot 0{,}1^4 \cdot 0{,}9^{46} \approx 0{,}18$$

5 Zufallsgröße und Wahrscheinlichkeitsverteilung

5.1 Wahrscheinlichkeitsverteilung einer diskreten Zufallsgröße

Die Wahrscheinlichkeiten von Ereignissen lassen sich besonders gut berechnen, wenn den Ergebnissen des Zufallsexperiments Zahlen zugeordnet werden. Man definiert:

Zufallsgröße
Eine Abbildung $X: \Omega \rightarrow \mathbb{R}$, die jedem Ergebnis $\omega \in \Omega$ eines Zufallsexperiments eine reelle Zahl $X(\omega)$ zuordnet, heißt **Zufallsgröße X**.

Anmerkungen:
- Ereignisse lassen sich in Worten, durch Teilmengen aus Ω oder durch eine Zufallsgröße X beschreiben. Die durch eine Zufallsgröße X beschriebenen Ereignisse sind miteinander unvereinbar.
- Die von der Zufallsgröße X angenommenen Werte heißen **Zufallswerte x_i**. Für das Ereignis $\{\omega \,|\, X(\omega) = x_i\}$ schreibt man kurz $X = x_i$.
- Es gibt Zufallsgrößen X (z. B. X: „Augenzahl beim Würfelwurf"), die nur einzelne diskrete Werte annehmen. Sie heißen **diskrete** Zufallsgrößen. Es gibt Zufallsgrößen X (z. B. X: „Geschwindigkeit eines an einer Radarkontrolle vorbeifahrenden Autos"), die alle Zahlenwerte innerhalb einer Teilmenge von $\mathbb{R}$ annehmen können. Sie heißen **stetige** Zufallsgrößen.
  Im Allgemeinen gilt, dass man diskrete Zufallsgrößen durch einen Zählvorgang, stetige durch einen Messvorgang erhält.
- Zufallsgrößen werden mit großen Buchstaben wie X, Y, Z, … bezeichnet.

Beispiel

Bei einem Glücksspiel wird eine ideale Münze mit den Seiten W (Wappen) und Z (Zahl) zweimal geworfen. Fällt zweimal Wappen, so erhält man 2 €, bei einmal Wappen 1 €. Fällt dagegen zweimal Zahl, so muss man 2 € bezahlen. Die Zufallsgröße X gebe die Auszahlung in € an.
Bestimmen Sie die Werte der Zufallsgröße und ihre Wahrscheinlichkeiten.

Lösung:
X nimmt die Werte 2, 1 und −2 an. Die Zuordnung ergibt sich wie folgt:

Ergebnis	WW	WZ	ZW	ZZ
Zufallswert	2	1	1	−2

Nun sind aber die Elementarereignisse mit Wahrscheinlichkeiten behaftet, wie sie dem folgenden Baumdiagramm entnommen werden können.
Jedem Ergebnis x_i kann dabei eine Wahrscheinlichkeit zugeordnet werden, sodass die folgenden Auszahlungswahrscheinlichkeiten entstehen:

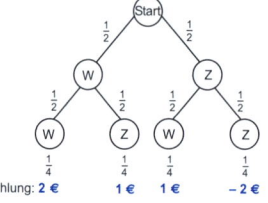

$P(X = 2) = \frac{1}{4}$,

$P(X = 1) = \frac{1}{4} + \frac{1}{4} = \frac{1}{2}$,

$P(X = -2) = \frac{1}{4}$

Jedem Wert der Zufallsgröße X wird ein Wahrscheinlichkeitswert, d. h. ein Wert aus [0; 1] zugeordnet.

Tabellarisch:

Auszahlung x_i	2	1	−2
Wahrscheinlichkeit $P(X = x_i)$	$\frac{1}{4}$	$\frac{1}{2}$	$\frac{1}{4}$

Aus dem Beispiel von der vorherigen Seite gewinnen wir die allgemeine Definition einer Wahrscheinlichkeitsverteilung.

Wahrscheinlichkeitsverteilung
Über dem Ergebnisraum Ω eines Zufallsexperiments mit der Wahrscheinlichkeitsverteilung P sei eine Zufallsgröße X definiert, die die Werte x_i ($i = 1, 2, \ldots, n$), annimmt. Dann heißt die Funktion P: $x_i \mapsto P(X = x_i)$ **Wahrscheinlichkeitsverteilung oder Wahrscheinlichkeitsfunktion der Zufallsgröße X**.

Darstellungsmöglichkeiten einer Wahrscheinlichkeitsverteilung (siehe das Beispiel von der vorherigen Seite):

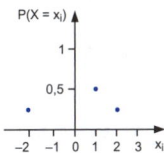 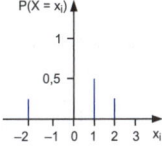 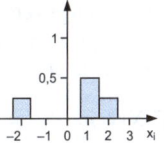

Funktionsgraph	**Stabdiagramm**	**Histogramm mit**
	Die Stäbe haben die Länge: $W(x_i) = P(X = x_i)$	$\Delta x = 1$ Die Flächeninhalte der Rechtecke haben den Wert: $W(x_i) = P(X = x_i)$

5.2 Erwartungswert

Bei statistischen Erhebungen lassen sich häufig die erhobenen Daten durch einen Mittelwert, im Allgemeinen das arithmetische Mittel

$$\overline{z} = \frac{1}{n} \sum_{i=1}^{n} z_i$$

„verdichten".

Beispiel

In einer Schulaufgabe hat eine Klasse mit 23 Schülern folgende Noten erzielt:

Note	1	2	3	4	5	6
Anzahl	1	3	6	7	5	1

Zur Berechnung des Notendurchschnitts (= Mittelwert der erzielten Noten) werden alle Noten addiert und das Ergebnis durch die Schülerzahl n = 23 geteilt:

$$\bar{z} = \frac{1}{23}(1 \cdot 1 + 2 \cdot 3 + 3 \cdot 6 + 4 \cdot 7 + 5 \cdot 5 + 6 \cdot 1) = \frac{84}{23} \approx 3,65$$

Entsprechend dieser Mittelwertbildung definiert man:

Erwartungswert

X sei eine Zufallsgröße, die die Zahlen x_1, x_2, ..., x_n annehmen kann. Die reelle Zahl $\mu = E(X)$ mit

$$\mathbf{E(X)} = x_1 \cdot P(X = x_1) + ... + x_n \cdot P(X = x_n) = \sum_{i=1}^{n} \mathbf{x_i \cdot P(X = x_i)}$$

heißt der Erwartungswert der Zufallsgröße X.

Anmerkungen:
- Der Mittelwert $\bar{z}$ bezieht sich auf die „Vergangenheit", d. h., es werden Informationen verwendet, die in einer Stichprobe tatsächlich aufgetreten sind.
- Der Erwartungswert E(X) schaut in die „Zukunft", d. h., er sagt aus, dass sich bei sehr vielen Durchführungen des Zufallsexperiments ein Mittelwert E(X) einstellen wird.

Beispiel

Bei einem Spielautomaten sind die folgenden Auszahlungen X in € mit den angegebenen Wahrscheinlichkeiten programmiert. Bei welchem Einsatz wäre das Spiel an diesem Automaten fair?

x	0	1	5	10
P(X = x)	0,80	0,15	0,04	0,01

Lösung:
Ein Spiel ist **fair**, wenn der Erwartungswert der Auszahlungen mit dem Einsatz übereinstimmt. Im Beispiel gilt:
$E(X) = 0 \cdot 0,80 + 1 \cdot 0,15 + 5 \cdot 0,04 + 10 \cdot 0,01 = 0,45 \,€$
Bei einem Einsatz von 45 Cent wäre das Spiel fair.

5.3 Varianz und Standardabweichung

Als Maß für die Streuung der Werte einer Zufallsgröße X um den Erwartungswert E(X) hat sich die Varianz Var(X) durchgesetzt. Man definiert:

Varianz einer Zufallsgröße
Ist X eine Zufallsgröße, die die Werte x_1, x_2, ..., x_n annehmen kann und den Erwartungswert $\mu = E(X)$ besitzt, so heißt die reelle Zahl

$$\mathbf{Var(X)} = (x_1 - \mu)^2 \cdot P(X = x_1) + ... + (x_n - \mu)^2 \cdot P(X = x_n)$$

$$= \sum_{i=1}^{n} (x_i - \mu)^2 \cdot P(X = x_i)$$

die Varianz der Zufallsgröße X.

Verschiebungssatz
Die Varianz lässt sich auch einfach mit dem Verschiebungssatz berechnen: $\mathbf{Var(X) = E(X^2) - [E(X)]^2}$

Anmerkung:
Aus der Definition der Varianz ergibt sich, dass die Varianz auch als Erwartungswert der quadratischen Abweichung vom Erwartungswert $\mu = E(X)$ gedeutet werden kann, d. h.:

$$Var(X) = E[(X - \mu)^2] = \sum_{i=1}^{n} (x_i - \mu)^2 \cdot P(X = x_i)$$

Wegen des Quadrats in der Formel für die Varianz bekommen „Ausreißer", d. h. Werte, die weit vom Erwartungswert E(X) entfernt sind, ein verhältnismäßig großes Gewicht. Ferner hat die Varianz die unanschauliche Dimension (Größe)^2. Um diese Nachteile etwas abzumindern, definiert man:

Standardabweichung

Der Wert $\boldsymbol{\sigma(X) = \sqrt{Var(X)}}$ heißt Standardabweichung der Zufallsgröße X.

Beispiel

1. Ein Glücksrad hat vier Sektoren, die mit den Ziffern 1 bis 4 beschriftet sind. Jede Ziffer erscheint mit der gleichen Wahrscheinlichkeit. Das Glücksrad werde zweimal gedreht. Die Zufallsgröße X gebe die Summe der beiden Ziffern an. Bestimmen Sie aus der Wahrscheinlichkeitsverteilung von X die Maßzahlen E(X), Var(X) und σ(X).

Lösung:

Für die Wahrscheinlichkeitsverteilung gilt:

x	2	3	4	5	6	7	8
P(X = x)	$\frac{1}{16}$	$\frac{2}{16}$	$\frac{3}{16}$	$\frac{4}{16}$	$\frac{3}{16}$	$\frac{2}{16}$	$\frac{1}{16}$

$$E(X) = 2 \cdot \frac{1}{16} + 3 \cdot \frac{2}{16} + 4 \cdot \frac{3}{16} + 5 \cdot \frac{4}{16} + 6 \cdot \frac{3}{16} + 7 \cdot \frac{2}{16} + 8 \cdot \frac{1}{16} = 5$$

$$Var(X) = (2-5)^2 \cdot \frac{1}{16} + (3-5)^2 \cdot \frac{2}{16} + (4-5)^2 \cdot \frac{3}{16} + (5-5)^2$$
$$\cdot \frac{4}{16} + (6-5)^2 \cdot \frac{3}{16} + (7-5)^2 \cdot \frac{2}{16} + (8-5)^2 \cdot \frac{1}{16} = 2,5$$

Oder mit dem Verschiebungssatz:

$$Var(X) = 2^2 \cdot \frac{1}{16} + 3^2 \cdot \frac{2}{16} + 4^2 \cdot \frac{3}{16} + 5^2 \cdot \frac{4}{16} + 6^2 \cdot \frac{3}{16}$$
$$+ 7^2 \cdot \frac{2}{16} + 8^2 \cdot \frac{1}{16} - 5^2 = 2,5$$

$$\sigma(X) = \sqrt{Var(X)} \approx 1,58$$

2. Die Zufallsgröße X gibt die Anzahl der vollen Stunden an, die ein bestimmter Sportler täglich trainiert. Für die Wahrscheinlichkeitsverteilung der Zufallsgröße X gilt mit den reellen Parametern a und b:

x	0	1	2	3	4	sonst
$P(X=x)$	0,05	2b	b	0,30	a	0

Die durchschnittliche tägliche Trainingsleistung des Sportlers beträgt 2,3 Stunden.

a) Berechnen Sie die Parameter a und b.
b) Berechnen Sie, mit welcher Wahrscheinlichkeit die tägliche Trainingsdauer innerhalb der einfachen Standardabweichung um den Erwartungswert liegt.

Lösung:

a) Da die Summe aller Wahrscheinlichkeiten der gegebenen Wahrscheinlichkeitsverteilung 1 ergibt und der Erwartungswert mit $E(X)=2,3$ gegeben ist, erhält man folgende zwei Gleichungen:

$$\text{I} \qquad 0,05 + 2b + b + 0,30 + a = 1$$
$$\Rightarrow \quad a + 3b = 0,65$$
$$\text{II} \quad 0 \cdot 0,05 + 1 \cdot 2b + 2 \cdot b + 3 \cdot 0,30 + 4 \cdot a = 2,3$$
$$\Rightarrow \quad 4a + 4b = 1,4$$

Setzt man $a = 0,65 - 3b$ aus der ersten Gleichung in die zweite ein, ergibt sich:

$$4 \cdot (0,65 - 3b) + 4b = 1,4$$
$$2,6 - 12b + 4b = 1,4$$
$$-8b = -1,2$$
$$\mathbf{b = 0,15} \quad \Rightarrow \quad a = 0,65 - 3 \cdot 0,15$$
$$\mathbf{a = 0,20}$$

b) Für die Varianz $Var(X)$ erhält man mit dem Verschiebungssatz:

$$Var(X) = 1^2 \cdot 0,30 + 2^2 \cdot 0,15 + 3^2 \cdot 0,30 + 4^2 \cdot 0,20 - 2,3^2$$
$$= 1,51$$

$$\sigma(X) = \sqrt{Var(X)} \approx 1,23$$

Wegen
$\mu - \sigma = 2{,}3 - 1{,}23 = 1{,}07$ und $\mu + \sigma = 2{,}3 + 1{,}23 = 3{,}53$
gilt für die gesuchte Wahrscheinlichkeit:
$$P(\mu - \sigma < X < \mu + \sigma) = P(1{,}07 < X < 3{,}53)$$
$$= P(X = 2) + P(X = 3)$$
$$= 0{,}15 + 0{,}30 = \mathbf{0{,}45}$$

5.4 Binomialverteilung

Unter den Wahrscheinlichkeitsverteilungen von Zufallsgrößen gibt es eine Reihe, bei denen die Wahrscheinlichkeiten mithilfe einer Formel bzw. einer Tabelle bestimmt werden können. Besonders häufig wird die auf der Bernoulli-Kette aufbauende Verteilung, die Binomialverteilung, verwendet.

Binomialverteilung
Die Wahrscheinlichkeitsverteilung (für die Anzahl X der Treffer) einer Bernoulli-Kette

$$B_p^n : k \mapsto B_p^n(X = k) = \binom{n}{k} \cdot p^k \cdot q^{n-k}, \quad k \in \{0; \ldots; n\}$$

heißt Binomialverteilung.

Erwartungswert, Varianz und Standardabweichung einer binomialverteilten Zufallsgröße
Eine binomialverteilte Zufallsgröße X hat den Erwartungswert $\mathbf{E(X) = n \cdot p}$ und die Varianz $\mathbf{Var(X) = n \cdot p \cdot q}$. Für die

Standardabweichung gilt: $\boldsymbol{\sigma(X) = \sqrt{n \cdot p \cdot q}}$

Anmerkungen:
- Der Name rührt daher, dass $B_p^n(X = k)$ der k-te Summand in der binomischen Formel

$$(p + q)^n = \sum_{k=0}^{n} \binom{n}{k} \cdot p^k \cdot q^{n-k} \text{ ist.}$$

  Da $(p + q)^n = (p + 1 - p)^n = 1^n = 1$ gilt, ergibt die Summe aller Wahrscheinlichkeitswerte den Wert 1.
- Die Schreibweise $B_p^n(X = k)$ ist dem Namen nachempfunden. Weitere Schreibweisen sind $P_p^n(X = k)$ bzw. B(n; p; k).

Beispiel

In einem Fremdenverkehrsort kehren die Fremdenführer während einer Stadtführung mit einer Wahrscheinlichkeit von 60 % im Stadtcafé ein.

Bestimmen Sie die Wahrscheinlichkeit, dass der Fremdenführer Mahler mit den nächsten fünf Gruppen k-mal, $k \in \{0; 1; 2; 3; 4; 5\}$, im Stadtcafé einkehrt.

Lösung:
Für die Zufallsgröße X: „Einkehr im Stadtcafé" gilt:

$$B_{0,6}^5(X = k) = \binom{5}{k} \cdot 0,6^k \cdot 0,4^{5-k}, \quad k \in \{0; 1; 2; 3; 4; 5\}$$

k	0	1	2	3	4	5
$B_{0,6}^5(X = k)$	0,0102	0,0768	0,2304	0,3456	0,2592	0,0778

Mit den in der Tabelle berechneten Werten wird das Histogramm gezeichnet.

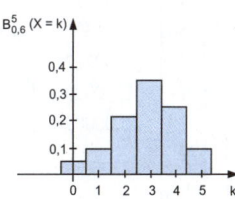

5.5 Berechnung von Wahrscheinlichkeiten mit Tabellen

Da alle Binomialverteilungen mit gleichen Parametern p und n, ohne Rücksicht auf Inhalt und Umfang der Grundgesamtheit, gleiche Wahrscheinlichkeitswerte $B_p^n(X = k)$ besitzen, kann man für ausgewählte, d. h. häufig auftretende Werte von n und p die Werte tabelliert angeben. Die Tabelle der Binomialverteilung enthält die Werte $B_p^n(X = k) = B(n; p; k)$ in der linken Spalte und die Werte der **kumulativen Binomialverteilung**

$$B_p^n(X \leq k) = \sum_{i=0}^{k} B(n; p; i)$$

in der rechten Spalte. Im Folgenden ist ein Tabellenausschnitt dargestellt:

n	k	$p = \frac{1}{6}$		$p = 0,20$	
		$B(n; p; k)$	$\sum_{i=0}^{k} B(n; p; i)$	$B(n; p; k)$	$\sum_{i=0}^{k} B(n; p; i)$
10	0	0,16151	0,16151	0,10737	0,10737
	1	0,32301	0,48452	0,26844	0,37581
	2	0,29071	0,77523	**0,30199**	0,67780
	3	0,15505	0,93027	0,20133	0,87913
	4	0,05427	0,98454	0,08808	0,96721
	5	0,01302	0,99756	0,02642	0,99363
	6	0,00217	0,99973	0,00551	0,99914
	7	0,00025	0,99998	0,00079	0,99992
	8	0,00002	1,00000	0,00007	1,00000
	9				
	10				

Beispiel $B_{0,2}^{10}(X = 2) = 0,30199 \approx 0,30$

Man sucht in der Tabelle die Seite mit p = 0,20 und n = 10. In diesem Abschnitt liest man dann unter k = 2 in der linken Spalte den gesuchten Wert ab.

n	k	p = 0,25		p = 0,30	
		$B(n; p; k)$	$\sum\limits_{i=0}^{k} B(n; p; i)$	$B(n; p; k)$	$\sum\limits_{i=0}^{k} B(n; p; i)$
10	0	0,05631	0,05631	0,02825	0,02825
	1	0,18771	0,24403	0,12106	0,14931
	2	0,28157	0,52559	0,23347	0,38278
	3	0,25028	0,77588	0,26683	0,64961
	4	0,14600	0,92187	0,20012	0,84973
	5	0,05840	0,98027	0,10292	**0,95265**
	6	0,01622	0,99649	0,03676	0,98941
	7	0,00309	0,99958	0,00900	0,99841
	8	0,00039	0,99997	0,00145	0,99986
	9	0,00003	1,00000	0,00014	0,99999
	10			0,00001	1,00000

$B_{0,3}^{10}(X \le 5) = 0,95265 \approx 0,95$ **Beispiel**

Um mit der kumulativen Tabelle arbeiten zu können, müssen alle Wahrscheinlichkeiten auf Ereignisse der Form „$X \le k$" umgeschrieben werden. Es gelten:

$$\mathbf{B_p^n(X < k) = B_p^n(X \le k - 1):}$$
$$B_{0,4}^{100}(X < 42) = B_{0,4}^{100}(Z \le 41) = 0,62253 \approx 0,62$$

$$\mathbf{B_p^n(X > k) = 1 - B_p^n(X \le k):}$$
$$B_{0,3}^{50}(X > 16) = 1 - B_{0,3}^{50}(X \le 16) = 1 - 0,68388 = 0,31612 \approx 0,32$$

$$\mathbf{B_p^n(X \ge k) = 1 - B_p^n(X \le k - 1):}$$
$$B_{0,8}^{200}(X \ge 160) = 1 - B_{0,8}^{200}(X \le 159) = 1 - 0,45782$$
$$= 0,54218 \approx 0,54$$

$$\mathbf{B_p^n(k_1 < X \le k_2) = B_p^n(X \le k_2) - B_p^n(X \le k_1):}$$
$$B_{0,2}^{100}(18 < X \le 25) = B_{0,2}^{100}(X \le 25) - B_{0,2}^{100}(X \le 18)$$
$$= 0,91252 - 0,36209 = 0,55043 \approx 0,55$$

5.6 Beispiele zur Binomialverteilung

1. Bei der Herstellung von „Billig-Glühlampen" entsteht erfahrungsgemäß ein Ausschuss von 10 %. Sie werden ohne Kontrolle abgegeben. Mit welcher Wahrscheinlichkeit findet man unter 50 Glühlampen
   a) genau fünf,
   b) mindestens sieben,
   c) höchstens vier,
   d) mehr als zwei und weniger als zehn
   defekte Lampen?

   Lösung:

   a) $B_{0,1}^{50}(X = 5) = 0,18492 \approx 0,18$

   b) $B_{0,1}^{50}(X \geq 7) = 1 - B_{0,1}^{50}(X \leq 6) = 1 - 0,77023 = 0,22977$
   $$\approx 0,23$$

   c) $B_{0,1}^{50}(X \leq 4) = 0,43120 \approx 0,43$

   d) $B_{0,1}^{50}(2 < X < 10) = B_{0,1}^{50}(X \leq 9) - B_{0,1}^{50}(X \leq 2)$
   $$= 0,97546 - 0,11173 = 0,86373 \approx 0,86$$

2. In einem Land sind 40 % aller Autos rot. Herr P. stellt sich an den Straßenrand und beobachtet 10 vorbeifahrende Autos. Mit welcher Wahrscheinlichkeit sind
   a) genau drei der Autos rot,
   b) nur die ersten drei vorbeifahrenden Autos rot,
   c) mehr Autos rot als erwartet,
   d) die Autos abwechselnd rot und nicht rot,
   e) vier hintereinanderfahrende Autos rot, die anderen jedoch nicht.

   Lösung:
   a) $B_{0,4}^{10}(X = 3) = 0,21499 \approx 0,21$

   b) Durch das Wort „nur" ist klar, dass die anderen Autos nicht rot sind: $P(rrr\overline{r} \ldots \overline{r}) = 0,4^3 \cdot 0,6^7 \approx 0,0018$

   c) $E(X) = n \cdot p = 10 \cdot 0,4 = 4$
   $$B_{0,4}^{10}(X > 4) = 1 - B_{0,4}^{10}(X \leq 4) = 1 - 0,63310 \approx 0,37$$

d) $P(r\overline{r}r\overline{r}\dots\overline{r}) + P(\overline{r}r\overline{r}\dots r) = 2 \cdot 0{,}4^5 \cdot 0{,}6^5 \approx 0{,}0016$

e) Für die vier hintereinanderfahrenden roten Autos gibt es in der Reihe der 10 Autos genau 7 mögliche Positionen:
$P = 7 \cdot 0{,}4^4 \cdot 0{,}6^6 \approx 0{,}0084$

3. Binomialverteilungen lassen sich durch Simulation experimentell darstellen, z. B. kann man den n-fachen Münzenwurf sehr oft ausführen. Die relativen Häufigkeiten für 0, 1, 2, …, n Treffer nähern sich der Binomialverteilung $B_{0,5}^n$ an.

Das Beispiel schlechthin für eine experimentelle Binomialverteilung liefert das von Francis Galton (1822–1911) entwickelte **Galton-Brett**.
Möglicher Aufbau: In ein lotrechtes Brett sind Nägel so eingeschlagen, dass sie ein Quadratgitter erzeugen. Ein Trichter lenkt kleine Bleikugeln auf den ersten
Nagel. Die Kugeln werden auf ihrer
Bahn von diesem und den folgenden
Nägeln abgelenkt und sammeln sich in
Fächern, die unter der letzten Nagelreihe angebracht sind. Im nebenstehenden
Bild ist ein achtreihiges Galton-Brett
verwendet, d. h., es gibt neun Auffangfächer F_i mit $i = 0, 1, \dots, 8$.
Stehen Kugeldurchmesser und Abstände der Nägel in einem günstigen Verhältnis und lässt man sehr viele Kugeln so wie beschrieben laufen, dann erhält man das Bild der Binomialverteilung mit $p = q = 0{,}5$. Die Kugeln laufen in das Fach F_i, $i = 0, 1, \dots, 8$, mit den in der folgenden Tabelle angegebenen Wahrscheinlichkeiten (vgl. Tafelwerk):

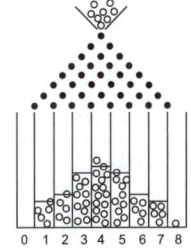

i	0	1	2	3	4
$B_{0,5}^8(X=i)$	0,004	0,031	0,109	0,219	0,273

i	5	6	7	8
$B_{0,5}^8(X=i)$	0,219	0,109	0,031	0,004

6 Testen von Hypothesen

6.1 Grundbegriffe

In der Praxis ist es oft nötig, eine Behauptung (Hypothese) auf ihren Wahrheitsgehalt zu testen, ohne dass man alle betroffenen Objekte befragen oder untersuchen kann. Daher wählt man aus der Grundgesamtheit eine geeignete, repräsentative Stichprobe aus und testet an ihr die Gültigkeit der Hypothese.

Grundgesamtheit und Stichprobe

Eine **Grundgesamtheit** ist die Menge aller Ereignisse (Individuen, Objekte, Sachverhalte etc.), die als Realisierung einer Zufallsgröße X möglich sind.

Das n-Tupel $(X_1, X_2, ..., X_n)$ heißt **Stichprobe** der Länge n aus der Zufallsgröße X, wenn alle X_i stochastisch unabhängig sind und die gleiche Wahrscheinlichkeitsverteilung wie X besitzen.

Anmerkungen:
- Eine Stichprobe ist repräsentativ, wenn sie ein Abbild der Grundgesamtheit ist.
- Die Genauigkeit einer Stichprobe hängt von ihrer Länge ab, d. h., nur genügend lange Stichproben sind repräsentativ.

In der Wahrscheinlichkeitsrechnung sind die stochastischen Eigenschaften der Grundgesamtheit bekannt, sodass Wahrscheinlichkeiten von Stichprobenresultaten (Ereignissen) berechnet werden können. Beim Hypothesentest wird dagegen aus der Stichprobe geschlossen, ob gewisse Vermutungen (Hypothesen) über unbekannte Parameter der Wahrscheinlichkeitsverteilung mit einer vorgegebenen Irrtumswahrscheinlichkeit abgelehnt werden müssen oder nicht.

> **Test**
> Ein statistischer Test ist ein Verfahren, um zu entscheiden, ob die von einer Stichprobe gelieferten Daten einer Hypothese über die unbekannte Grundgesamtheit widersprechen.

Je nach Formulierung einer Hypothese unterscheidet man verschiedene Arten von Hypothesentests. Wir betrachten im Folgenden den einseitigen Signifikanztest in einer binomialverteilten Grundgesamtheit, bei dem eine Entscheidung über eine **Hypothese H_0 (Nullhypothese)** getroffen wird.

> **Signifikanztest**
> Ein Entscheidungsverfahren, bei dem festgestellt wird, ob eine Hypothese H_0 verworfen wird oder nicht, heißt **Signifikanztest**.

Beim einseitigen Signifikanztest wird eine zusammengesetzte Hypothese der Form H_0: $p \leq p_0$ oder H_0: $p \geq p_0$ getestet.

> **Einseitiger Signifikanztest**
> Ein Signifikanztest heißt einseitig, wenn die Nullhypothese in der Form H_0: $p \leq p_0$ **(rechtsseitiger Signifikanztest)** oder H_0: $p \geq p_0$ **(linksseitiger Signifikanztest)** formuliert werden kann.

Anmerkungen:
- Beim einseitigen Signifikanztest testet man immer den „schlechtest möglichen Fall" über die Randwahrscheinlichkeit p_0.
- Die **Gegenhypothese** lautet beim rechtsseitigen Signifikanztest H_1: $p > p_0$, beim linksseitigen Signifikanztest H_1: $p < p_0$.
- Da man nur feststellt, ob eine Nullhypothese abgelehnt wird oder nicht, interessiert im Allgemeinen nicht, welche andere Hypothese eventuell wahr ist.

6.2 Linksseitiger Signifikanztest

Beim linksseitigen Signifikanztest lautet die Nullhypothese also
H_0: $p \geq p_0$, die Gegenhypothese H_1: $p < p_0$. Bei einer Stichprobe
der Länge n wird die Nullhypothese abzulehnen sein, wenn die
Testgröße mit der Wertemenge $\{0; \ldots; n\}$ zu kleine Werte annimmt. Für den **Ablehnungsbereich A̅** gilt daher $\overline{A} = \{0; \ldots; g\}$,
für den **Annahmebereich A** gilt $A = \{g + 1; \ldots; n\}$.
Entscheidend ist bei jedem Test die Frage, wie g gewählt werden
muss, um eine sinnvolle Entscheidungsregel, d. h. einen sinnvol-
len Annahme- und Ablehnungsbereich festzulegen.

Entscheidungsregel
Annahmebereich A und Ablehnungsbereich $\overline{A}$ bestimmen die
Entscheidungsregel eines Signifikanztests.
Für den linksseitigen Signifikanztest gilt:
$$\overline{A} \cup A = \{0; \ldots; g\} \cup \{g + 1; \ldots; n\} = \{0; \ldots; n\}$$

Anmerkung:
Da wir immer von einer binomialverteilten Grundgesamtheit ausgehen, kann der Erwartungswert für die Nullhypothese berechnet
werden zu $E(X) = n \cdot p_0$. Dieser Wert wird immer im Annahmebereich liegen.

Grafische Veranschaulichung der Entscheidungsregel beim linksseitigen Signifikanztest:

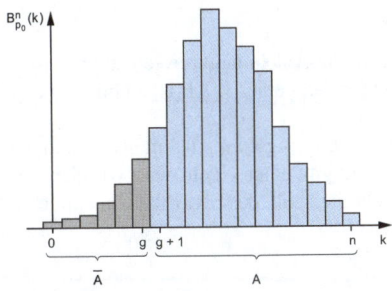

Die Partei A behauptet, bei der nächsten Wahl mindestens 60 % der Wählerstimmen zu erhalten. In einer Stichprobe von 100 repräsentativ ausgewählten Wählern erklären 56, bei der nächsten Wahl die Partei A zu wählen.

Ist die Behauptung der Partei aufgrund dieses Umfrageergebnisses nun anzunehmen oder abzulehnen?

Lösung:

Die Nullhypothese lautet H_0: „Mindestens 60 % wählen die Partei A." oder H_0: $p \geq 0{,}6$.

Die Gegenhypothese ist H_1: „Weniger als 60 % wählen die Partei A." oder H_1: $p < 0{,}6$.

Die Stichprobe besitzt die Länge $n = 100$.

Die Testgröße ist die Anzahl der A-Wähler unter den 100 Befragten.

Der Erwartungswert $E(X) = n \cdot p_0 = 100 \cdot 0{,}6 = 60$ muss im Annahmebereich liegen.

Wenn wir die Behauptung der Partei A aufgrund dieses Stichprobenergebnisses ablehnen, muss das Stichprobenergebnis von 56 A-Wählern im Ablehnungsbereich liegen.

Wir hätten also die Entscheidungsregel $\overline{A} = \{0; \dots; 56\}$, $A = \{57; \dots; 100\}$.

Hier stellt sich nun die Frage, wie groß die Wahrscheinlichkeit α ist, dabei den sogenannten **Fehler 1. Art** zu begehen, nämlich die Nullhypothese fälschlicherweise abzulehnen, weil das Testergebnis nur zufällig im Ablehnungsbereich liegt. Diese Wahrscheinlichkeit kann mithilfe des Tafelwerkes ermittelt werden:

$$\alpha = B_{0{,}6}^{100}(X \leq 56) = 0{,}24$$

Es zeigt sich, dass der gewählte Ablehnungsbereich zu groß ist, die Wahrscheinlichkeit α für den Fehler 1. Art ist zu hoch, die Entscheidungsregel ist zu streng.

Man legt daher die Entscheidungsregel im Allgemeinen nicht einfach willkürlich fest, sondern gibt einen Höchstwert vor, den der Fehler 1. Art nicht überschreiten soll, das Signifikanzniveau α.

> **Signifikanzniveau und Fehler 1. Art**
> Das **Signifikanzniveau α** eines Signifikanztests gibt die maximale Irrtumswahrscheinlichkeit für den **Fehler 1. Art** an.

Für obiges Beispiel soll nun die Entscheidungsregel auf einem Signifikanzniveau von 5 % bestimmt werden.

Beispiel

Lösung:
Es muss gelten: $B_{0,6}^{100}(X \le g) \le 0,05$

Aus dem Tafelwerk entnimmt man: $g = 51$
Damit ergibt sich als Entscheidungsregel:

$\overline{A} = \{0; \ldots; 51\}$; $A = \{52; \ldots; 100\}$

H_0 wird abgelehnt, wenn höchstens 51 der befragten 100 Wähler die Partei A wählen.

6.3 Rechtsseitiger Signifikanztest

Wie auf Seite 130 bereits dargestellt wurde, ist die Nullhypothese beim rechtsseitigen Signifikanztest von der Form H_0: $p \le p_0$, die Gegenhypothese H_1: $p > p_0$.
Die Entscheidungsregel lautet daher:
Annahmebereich $A = \{0; \ldots; g\}$,
Ablehnungsbereich $\overline{A} = \{g + 1; \ldots; n\}$

Grafische Veranschaulichung:

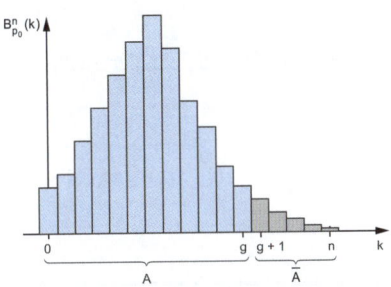

Bei gegebenem Signifikanzniveau α gilt für die Bestimmung des Ablehnungsbereichs die Bedingung:

$$B_{p_0}^n (X \geq g+1) \leq \alpha$$

Um das Tafelwerk einsetzen zu können, muss diese Bedingung erst umgeformt werden:

$$1 - B_{p_0}^n (X \leq g) \leq \alpha$$

$$-B_{p_0}^n (X \leq g) \leq \alpha - 1$$

$$B_{p_0}^n (X \leq g) \geq 1 - \alpha$$

Nun kann der kritische Wert g aus dem Tafelwerk abgelesen und die Entscheidungsregel bestimmt werden.

Beispiel

Bei Schafen tritt die Krankheit S auf. Durch einen Signifikanztest auf dem Signifikanzniveau 5 % soll die Nullhypothese H_0: „Höchstens 10 % der Schafe im haben die Krankheit S" mit einer Stichprobe der Länge n = 200 getestet werden.
Bestimmen Sie die Entscheidungsregel.

Lösung:
Das Wort „Höchstens" in der Formulierung der Nullhypothese weist auf einen rechtsseitigen Signifikanztest hin.
H_0: $p \leq 0,10$; n = 200; E(X) = 200 · 0,1 = 20

$\overline{A} = \{g+1; \ldots; n\}$; X: „Anzahl der erkrankten Schafe unter 200"

$$B_{0,1}^{200}(X \geq g+1) = 1 - B_{0,1}^{200}(X \leq g) \leq 0,05$$

$$B_{0,1}^{200}(X \leq g) \geq 0,95 \quad \Rightarrow \quad g = 27 \quad \text{(aus dem Tafelwerk)}$$

$$\Rightarrow \quad \overline{A} = \{28; \ldots; 200\}$$

H_0 wird abgelehnt, wenn mindestens 28 Schafe in der Stichprobe an S erkrankt sind.

6.4 Zusammenfassung und weitere Beispiele

Der **klassische Ansatz des Signifikanztests** nach Neyman
(1894–1981) und Pearson (1895–1980) ähnelt in seiner Ausführung dem indirekten Beweis: Um eine Hypothese nicht zu verwerfen, untersucht man, ob die gegenteilige Annahme (= nicht
gewünschte Hypothese = Nullhypothese H_0) mit dem Stichprobenergebnis unverträglich ist. Man untersucht also, ob das Ver-
suchsergebnis unter der Annahme der Nullhypothese H_0 nur mit
einer sehr geringen Wahrscheinlichkeit eintritt. Als Nullhypothese H_0 wählt man immer die Hypothese, die man verwerfen
möchte. Neyman und Pearson gaben die Stichprobenlänge n sowie die Wahrscheinlichkeit eines Fehlers 1. Art (α-Fehler, Signifikanzniveau, meistens 5 % oder 1 %) v̲o̲r und bestimmten mithilfe dieser Größe den kritischen Bereich $\overline{A}$ für die Nullhypothese.
Je kleiner man α wählt, umso vorsichtiger ist man bei der Ablehnung von H_0. Wenn selbst bei kleinem Wert von α eine Ablehnung von H_0 erfolgt, spricht man von hoher Signifikanz.

Ein **Signifikanztest** läuft (fast) immer in den folgenden Schritten
ab:

1. Wie lautet die Nullhypothese H_0?
2. Wie groß ist der Stichprobenumfang n des Tests, und welches Signifikanzniveau α ist vorgegeben?
3. Welche Testgröße wird zur Prüfung verwendet, und wie
   lautet der Ablehnungsbereich $\overline{A}$?
4. Wie wird aufgrund des Stichprobenergebnisses entschie-
   den?

Bei der Annahme oder Ablehnung der Nullhypothese sind grundsätzlich vier Fälle möglich, die sich schematisch darstellen lassen:

| | Entscheidung aufgrund der Stichprobe: | |
Realität	Ergebnis aus A: Annahme von H_0	Ergebnis aus $\overline{A}$: Ablehnung von H_0
H_0 trifft zu $p = p_0$	Richtige Entscheidung $\downarrow$ $B_{p_0}^n (X \in A)$	**Falsche Entscheidung** Fehler 1. Art („α-Fehler") $\alpha = B_{p_0}^n (X \in \overline{A})$
H_0 trifft nicht zu $(p = p_1)$	**Falsche Entscheidung** Fehler 2. Art („β-Fehler") $(\beta = B_{p_1}^n (X \in A))$	Richtige Entscheidung $\downarrow$ $(B_{p_1}^n (X \in \overline{A}))$

Beispiel

1. Charterflüge haben öfters Verspätung. Ein Angestellter eines Reisebüros behauptet, dass dies bei mindestens 40 % aller Flüge sei. Er schlägt vor, die nächsten 200 Charterflüge auf Verspätung, d. h. die Hypothese H_0: $p_0 \geq 0,40$ auf dem 5 %-Signifikanzniveau zu überprüfen. Es wurden 75 verspätete Flüge festgestellt.
Wie wird man entscheiden?

   Lösung:
   H_0: „Mindestens 40 % aller Flüge haben Verspätung."
   Das Wort „Mindestens" in der Formulierung der Nullhypothese weist auf einen linksseitigen Signifikanztest hin.

   H_0: $p_0 \geq 0,40$; $n = 200$; $\overline{A} = \{0; \dots; g\}$; $\alpha = 5\,\%$;

   X: „Anzahl verspäteter Charterflüge"
   Es muss gelten:

   $\alpha = B_{0,4}^{200} (X \leq g) \leq 0,05$

   Aus der Tabelle liest man ab: $g = 68$ $\Rightarrow$ $\overline{A} = \{0; \dots; 68\}$
   Wegen $75 \notin \overline{A}$ wird H_0 aufgrund des Stichprobenergebnisses auf dem 5 %-Signifikanzniveau nicht abgelehnt.

2. Es wird behauptet, dass mindestens 40 % der Rinder eines Landes an der Krankheit K erkrankt sind. Bei einem Test werden 100 Rinder untersucht. Die Behauptung soll abgelehnt werden, wenn höchstens 30 an K erkrankt sind.

a) Wie groß ist die Wahrscheinlichkeit, dass die Behauptung fälschlicherweise abgelehnt wird?

b) Mit welcher Wahrscheinlichkeit wird die Behauptung fälschlicherweise angenommen, obwohl nur 25 % aller Rinder an K erkrankt sind?

Lösung:

a) $H_0: p \geq 0,4$; $n = 100$; $\overline{A} = \{0; 1; \ldots; 30\}$;
X: Anzahl der erkrankten Rinder
H_0 wird fälschlicherweise abgelehnt, wenn sich ein Ergebnis aus dem Ablehnungsbereich $\overline{A}$ einstellt, obwohl H_0 zutrifft. Dies geschieht mit der Wahrscheinlichkeit:

$$\alpha = B_{0,4}^{100}(X \leq 30) = 0,02478 \approx 0,025$$

Ein Histogramm zur Binomialverteilung $B_{0,40}^{100}$ veranschaulicht die Wahrscheinlichkeit der Fehlentscheidung.

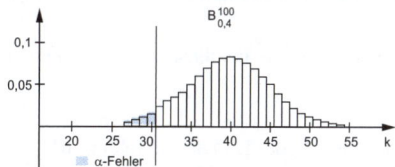

b) Hier wird eine von p_0 abweichende Wahrscheinlichkeit für das Erkranken eines Rindes mit $p_1 = 0,25$ angegeben. H_0 trifft damit nicht zu und es wird nach der Wahrscheinlichkeit des β-Fehlers gefragt.

$H_1: p_1 = 0,25$

H_0 wird fälschlicherweise angenommen (H_1 wird fälschlicherweise abgelehnt), wenn sich ein Ergebnis aus dem Annahmebereich $A = \{31; 32; \ldots; 100\}$ einstellt, obwohl H_1 zutrifft. Dies geschieht mit der Wahrscheinlichkeit:

$$\beta = B_{0,25}^{100}(X \geq 31) = 1 - B_{0,25}^{100}(X \leq 30) = 1 - 0,89621$$
$$= 0,10379 \approx 0,10$$

Diese Wahrscheinlichkeit wird in einem Histogramm zur Binomialverteilung $B_{0,25}^{100}$ sichtbar.

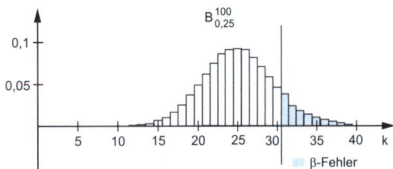

3. Eine Maschine zur Fertigung von DVD-Rohlingen ist durch den Einbau neuer Teile so verbessert worden, dass die Zahl der fehlerhaft produzierten DVDs auf weniger als 5 % gesenkt werden konnte (Gegenhypothese).
Zur Überprüfung der Fertigungsqualität der verbesserten Maschine wird ein Signifikanztest der Länge 100 auf dem 5 % Niveau durchgeführt.

a) Geben Sie für diesen Signifikanztest die Testgröße sowie die Nullhypothese und die Art des Tests an. Ermitteln Sie den größtmöglichen Ablehnungsbereich der Nullhypothese.

b) Erläutern Sie kurz, worin bei diesem Test der Fehler 2. Art besteht.

Lösung:

a) H_0: „Mindestens 5 % der DVDs sind fehlerhaft."
H_0: $p \geq 0,05$; $n = 100$; $p_0 = 0,05$; $E(X) = 5$
Linksseitiger Signifikanztest
Testgröße X: „Anzahl der fehlerhaften DVDs unter 100"
$B_{0,05}^{100}(X \leq g) \leq 0,05 \implies g = 1$ (Tafelwerk)

$\overline{A} = \{0; 1\}$; $A = \{2; ...; 100\}$

H_0 wird abgelehnt, wenn höchstens eine der untersuchten DVDs fehlerhaft ist.

b) Der Fehler 2. Art (β-Fehler) besteht hier darin, dass die Nullhypothese H_0 nicht abgelehnt wird, obwohl sie falsch ist, d. h., der Anteil der fehlerhaften DVDs unter 5 % liegt.

Analytische Geometrie ◀

1 Lineare Gleichungssysteme

1.1 Elementare Lösungsverfahren

Aus dem Mathematikunterricht der Mittelstufe sollte der Begriff des linearen Gleichungssystems zumindest in der Form von zwei Gleichungen mit zwei Unbekannten geläufig sein.

Eine Aussageform $\begin{cases} a_{11}x_1 + a_{12}x_2 = b_1 \\ a_{21}x_1 + a_{22}x_2 = b_2 \end{cases}$

mit reellen Koeffizienten a_{ij}, b_i und den reellen Unbekannten x_1 und x_2 heißt **lineares Gleichungssystem**, bestehend aus **zwei Gleichungen** mit **zwei Unbekannten**.

Auch die elementaren Lösungsverfahren für lineare Gleichungssysteme, das Einsetzverfahren, das Gleichsetzverfahren und das Additionsverfahren, sollten bereits bekannt sein.
Diese werden im Folgenden noch einmal kurz dargestellt.

Bestimmen Sie die Lösungsmenge des folgenden linearen Gleichungssystems: **Beispiel**

I $3x_1 - x_2 = 2$
II $5x_1 + 6x_2 = 11$

Einsetzverfahren
Beim Einsetzverfahren wird eine Gleichung nach einer Unbekannten aufgelöst und diese dann in die andere Gleichung eingesetzt.
In diesem Beispiel kann die erste Gleichung besonders einfach nach x_2 aufgelöst werden: $x_2 = 3x_1 - 2$. Eingesetzt in II:

$5x_1 + 6 \cdot (3x_1 - 2) = 11$
$\quad\quad 23x_1 - 12 = 11$
$\quad\quad\quad 23x_1 = 23$
$\quad\quad\quad\quad x_1 = 1 \quad \Rightarrow \quad x_2 = 3 \cdot 1 - 2 = 1 \quad \Rightarrow \quad L = \{(1|1)\}$

Gleichsetzverfahren

Beim Gleichsetzverfahren werden beide Gleichungen nach derselben Unbekannten aufgelöst und anschließend gleichgesetzt. Löst man beide Gleichungen nach x_2 auf, erhält man:

$$\left.\begin{array}{ll} I & x_2 = 3x_1 - 2 \\ II & x_2 = -\frac{5}{6}x_1 + \frac{11}{6} \end{array}\right\} \Rightarrow \quad 3x_1 - 2 = -\frac{5}{6}x_1 + \frac{11}{6}$$

$$3x_1 + \frac{5}{6}x_1 = 2 + \frac{11}{6}$$

$$\frac{23}{6}x_1 = \frac{23}{6}$$

$$x_1 = 1 \quad \text{in I}$$

$$\Rightarrow \quad x_2 = 3 \cdot 1 - 2 = 1 \quad \Rightarrow \quad L = \{(1|1)\}$$

Additionsverfahren

Beim Additionsverfahren werden beide Gleichungen durch Multiplikation mit geeigneten Faktoren so umgeformt, dass bei anschließender Addition (oder Subtraktion) eine Unbekannte eliminiert wird.

$$\left.\begin{array}{lll} 6 \cdot I & 18x_1 - 6x_2 = 12 \\ II & 5x_1 + 6x_2 = 11 \end{array}\right] +$$

$$\overline{ \quad 23x_1 \qquad = 23}$$

$$x_1 = 1 \quad \text{in I}$$

$$\Rightarrow \quad 3 \cdot 1 - x_2 = 2 \quad \Rightarrow \quad -x_2 = -1 \quad \Rightarrow \quad x_2 = 1 \quad \Rightarrow \quad L = \{(1|1)\}$$

Anmerkung:
Das Ziel aller Verfahren ist es, die Anzahl der Gleichungen und der Unbekannten jeweils um eins zu reduzieren.

Für ein lineares Gleichungssystem, bestehend aus zwei Gleichungen mit zwei Unbekannten, gibt es eine **geometrische Veranschaulichung**. Jede der beiden Gleichungen beschreibt eine Gerade im $\mathbb{R}^2$, die Lösungsmenge gibt die Koordinaten des Schnittpunktes der beiden Geraden an.

Im Beispiel von Seite 141 erkennt man diese geometrische Deutung besonders einfach an den nach x_2 aufgelösten Gleichungen beim Gleichsetzverfahren. Ersetzt man hier noch die Unbekannten x_2 durch y und x_1 durch x, so erhält man zwei Geradengleichungen in der üblichen Form $y = mx + t$, die eine grafische Veranschaulichung ermöglicht:

I $\quad y = 3x - 2$

II $\quad y = -\frac{5}{6}x + \frac{11}{6}$

Schnittpunkt S(1 | 1)

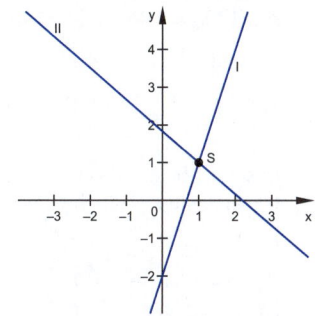

Für die Lage von zwei Geraden im $\mathbb{R}^2$ gibt es drei Möglichkeiten, denen jeweils eine spezifische Lösungsmenge des zugehörigen linearen Gleichungssystems entspricht:

Die Geraden	Das lineare Gleichungssystem besitzt
• **schneiden sich** in einem Punkt;	• **genau eine** Lösung;
• sind **parallel**;	• **keine** Lösung;
• sind **identisch**.	• **unendlich viele** Lösungen.

1. Bestimmen Sie die Lösungsmenge und interpretieren Sie das Ergebnis geometrisch:

   I $2x_1 + 3x_2 = 5$

   II $6x_1 + 9x_2 = 14$

   Lösung mit dem Einsetzverfahren:

   Aus I: $x_1 = -\frac{3}{2}x_2 + \frac{5}{2}$;   in II

   $$\Rightarrow \ 6 \cdot \left(-\frac{3}{2}x_2 + \frac{5}{2}\right) + 9x_2 = 14$$
   $$-9x_2 + 15 + 9x_2 = 14$$
   $$15 = 14 \quad \text{Widerspruch} \quad \Rightarrow \quad L = \{\}$$

   Löst man beide Gleichungen nach x_1 auf und ersetzt die Unbekannten x_1 durch y und x_2 durch x, so erhält man:

   I $y = -\frac{3}{2}x + \frac{5}{2}$

   II $y = -\frac{3}{2}x + \frac{7}{3}$

   Die beiden Geraden besitzen dieselbe Steigung und verschiedene Achsenabschnitte, sind also (echt) parallel.

2. Bestimmen Sie die Lösungsmenge und interpretieren Sie das Ergebnis geometrisch:

   I $5x - 7y = -2$

   II $-10x + 14y = 4$

   Lösung mit dem Additionsverfahren:

   $$\left. \begin{array}{ll} 2 \cdot \text{I} & 10x - 14y = -4 \\ \text{II} & -10x + 14y = 4 \end{array} \right\} +$$

   $$0 = 0 \quad \text{wahre Aussage}$$

   Die beiden Gleichungen sind identisch, d. h., eine Gleichung kann durch Multiplikation mit einer Konstanten in die andere umgewandelt werden. Damit beschreiben beide Gleichungen dieselbe Gerade und die Lösungsmenge besteht aus allen Punkten dieser Geraden (unendlich viele Lösungen):

   $L = \{(x \,|\, y)\,|\, 5x - 7y = -2\}$

3. Bei einem Fußballspiel bezahlten 1 456 Zuschauer insgesamt
   10 880 €. Ein Stehplatz kostete 6 €, ein Sitzplatz 10 €.
   Wie viele Zuschauer bezahlten für einen Stehplatz, wie viele
   für einen Sitzplatz?

Lösung:
Bei derartigen Anwendungsaufgaben sind zuerst die Unbe-
kannten festzulegen und dann aus dem Aufgabentext die
Gleichungen aufzustellen.
x_1 = Zahl der bezahlten Stehplätze
x_2 = Zahl der bezahlten Sitzplätze

$$\begin{array}{ll} \text{I} & x_1 + x_2 = 1\,456 \\ \text{II} & 6x_1 + 10x_2 = 10\,880 \end{array} \quad \text{Additionsverfahren}$$

$$6 \cdot \text{I} - \text{II} \qquad -4x_2 = -2\,144; \; x_2 = 536$$

$$x_1 = 1\,456 - 536; \quad x_1 = 920$$

Es waren 920 Zuschauer auf Stehplätzen und 536 Zuschauer
auf Sitzplätzen.

1.2 Der Gauß-Algorithmus

Es werden nun lineare Gleichungssysteme mit drei Gleichungen
und drei oder vier Unbekannten betrachtet. Je umfangreicher ein
lineares Gleichungssystem ist, desto größer wird der Rechenauf-
wand für die Lösung. Ein besonders effektives Lösungsverfahren
für lineare Gleichungssysteme stellt der **Gauß-Algorithmus** dar,
ein **schematisiertes Additionsverfahren**, bei dem nur mit den
Koeffizienten des linearen Gleichungssystems gerechnet wird.

Im folgenden Beispiel werden das klassische Additionsverfahren
und der Gauß-Algorithmus gegenübergestellt.

Beispiel Bestimmen Sie die Lösungsmenge des folgenden linearen Gleichungssystems:

I $\quad x_1 + 2x_2 - 4x_3 = -12$
II $\quad x_1 - x_2 + 4x_3 = 17$
III $\quad -2x_1 + 2x_2 + x_3 = 2$

Lösung:

Additionsverfahren

$$\begin{array}{rl}
\text{I} & x_1 + 2x_2 - 4x_3 = -12 \\
\text{II} & x_1 - x_2 + 4x_3 = 17 \\
\text{III} & -2x_1 + 2x_2 + x_3 = 2
\end{array}$$

$$\begin{array}{rl}
\text{I} & x_1 + 2x_2 - 4x_3 = -12 \\
\text{I} - \text{II} & 3x_2 - 8x_3 = -29 \\
2 \cdot \text{I} + \text{III} & 6x_2 - 7x_3 = -22
\end{array}$$

$$\begin{array}{rl}
\text{I} & x_1 + 2x_2 - 4x_3 = -12 \\
\text{II}' & 3x_2 - 8x_3 = -29 \\
2 \cdot \text{II}' - \text{III}' & -9x_3 = -36
\end{array}$$

Gauß-Algorithmus

$$\left(\begin{array}{ccc|c}
1 & 2 & -4 & -12 \\
1 & -1 & 4 & 17 \\
-2 & 2 & 1 & 2
\end{array} \right)$$

$$\text{I} - \text{II} \quad \downarrow \quad 2 \cdot \text{I} + \text{III}$$

$$\left(\begin{array}{ccc|c}
1 & 2 & -4 & -12 \\
0 & 3 & -8 & -29 \\
0 & 6 & -7 & -22
\end{array} \right)$$

$$\downarrow \quad 2 \cdot \text{II} - \text{III}$$

$$\left(\begin{array}{ccc|c}
1 & 2 & -4 & -12 \\
0 & 3 & -8 & -29 \\
0 & 0 & -9 & -36
\end{array} \right)$$

Der Gauß-Algorithmus ist nur eine schematisierte Darstellung des Additionsverfahrens, der weitere Lösungsweg ist für beide Verfahren gleich:

aus III: $-9x_3 = -36 \Rightarrow x_3 = 4$ in II'

$\quad 3x_2 - 8 \cdot 4 = -29 \Rightarrow 3x_2 = 3 \Rightarrow x_2 = 1$ in I

$x_1 + 2 \cdot 1 - 4 \cdot 4 = -12 \Rightarrow x_1 - 14 = -12 \Rightarrow x_1 = 2$

$\Rightarrow \text{L} = \{(2 \,|\, 1 \,|\, 4)\}$

Anmerkungen:
- Ein Zahlenschema, wie es beim Gauß-Algorithmus verwendet wird, wird in der Mathematik als Matrix bezeichnet. Da diese Matrix aus den Koeffizienten des linearen Gleichungssystems besteht, wird sie auch als **Koeffizientenmatrix** bezeichnet.

- Auch für ein lineares Gleichungssystem bestehend aus drei Gleichungen mit drei Unbekannten gibt es eine geometrische Interpretation: Jede der drei Gleichungen beschreibt eine Ebene im $\mathbb{R}^3$ (siehe Seite 191), sodass hier die Koordinaten des gemeinsamen Punktes dreier Ebenen des $\mathbb{R}^3$ bestimmt wurden.

Folgende Umformungen sind beim Gauß-Algorithmus erlaubt:
- Multiplikation und anschließende Addition oder Subtraktion von Zeilen
- Vertauschen von Zeilen
- Vertauschen von Spalten – dabei vertauscht man auch die Unbekannten.

1. Eine Parabel enthält die Punkte $P(-1|-1)$, $Q(1|3)$ und $R(3|-1)$. Ermitteln Sie die Gleichung der zugehörigen quadratischen Funktion $p(x) = ax^2 + bx + c$.

   Beispiel

   Lösung:
   Wenn man die Koordinaten der gegebenen Punkte in die Funktionsgleichung einsetzt, erhält man folgendes lineares Gleichungssystem:

   $$\text{I} \qquad a - b + c = -1$$
   $$\text{II} \qquad a + b + c = 3$$
   $$\text{III} \qquad 9a + 3b + c = -1$$

   Gauß-Algorithmus

   $$\begin{pmatrix} 1 & -1 & 1 & | & -1 \\ 1 & 1 & 1 & | & 3 \\ 9 & 3 & 1 & | & -1 \end{pmatrix} \xrightarrow[9 \cdot \text{I} - \text{III}]{\text{I} - \text{II}} \begin{pmatrix} 1 & -1 & 1 & | & -1 \\ 0 & -2 & 0 & | & -4 \\ 0 & -12 & 8 & | & -8 \end{pmatrix} \xrightarrow[\frac{1}{4} \cdot \text{III}]{-\frac{1}{2} \cdot \text{II}}$$

   $$\begin{pmatrix} 1 & -1 & 1 & | & -1 \\ 0 & 1 & 0 & | & 2 \\ 0 & -3 & 2 & | & -2 \end{pmatrix} \xrightarrow{3 \cdot \text{II} + \text{III}} \begin{pmatrix} 1 & -1 & 1 & | & -1 \\ 0 & 1 & 0 & | & 2 \\ 0 & 0 & 2 & | & 4 \end{pmatrix}$$

   aus III: $2c = 4 \Rightarrow c = 2$
   aus II: $b = 2$ $\Bigg\}$ in I: $a - 2 + 2 = -1 \Rightarrow a = -1$

   Die gesuchte Funktionsgleichung lautet:
   $p(x) = -x^2 + 2x + 2$

2. Untersuchen Sie das folgende lineare Gleichungssystem auf Lösbarkeit:

I $\quad x_1 + 4x_2 - 3x_3 = 1$

II $\quad\quad 2x_1 + x_2 + x_3 = 4$

III $\quad 5x_1 - 3x_2 + 8x_3 = -3$

Lösung mit dem Gauß-Algorithmus:

$$\begin{pmatrix} 1 & 4 & -3 & | & 1 \\ 2 & 1 & 1 & | & 4 \\ 5 & -3 & 8 & | & -3 \end{pmatrix} \xrightarrow[5\cdot I - III]{2\cdot I - II} \begin{pmatrix} 1 & 4 & -3 & | & 1 \\ 0 & 7 & -7 & | & -2 \\ 0 & 23 & -23 & | & 8 \end{pmatrix}$$

$$\xrightarrow{23\cdot II - 7\cdot III} \begin{pmatrix} 1 & 4 & -3 & | & 1 \\ 0 & 7 & -7 & | & -2 \\ \mathbf{0} & \mathbf{0} & \mathbf{0} & | & -102 \end{pmatrix}$$

Nullzeile

Aus III: $0 = -102$ Widerspruch $\Rightarrow$ L = { }

Wenn man beim Gauß-Algorithmus eine sogenannte **Nullzeile** erhält, sind zwei Fälle zu unterscheiden:

1. Fall: „schlechte" Nullzeile
Auf der rechten Seite der Gleichung steht keine Null.
Dann hat man einen Widerspruch und das lineare Gleichungssystem hat keine Lösung, d. h. L = { }.

2. Fall: „gute" Nullzeile
Auf der rechten Seite der Gleichung steht auch eine Null.
Dann ist das lineare Gleichungssystem unterbestimmt und hat in der Regel unendlich viele Lösungen. Mindestens eine Unbekannte kann frei gewählt werden (siehe z. B. Seite 150).

1.3 Überbestimmte und unterbestimmte lineare Gleichungssysteme

In diesem Abschnitt werden lineare Gleichungssysteme untersucht, bei denen die Zahl der Gleichungen nicht mit der Zahl der Unbekannten übereinstimmt.

> Ein lineares Gleichungssystem heißt **überbestimmt**, wenn die Zahl der Gleichungen größer ist als die Zahl der Unbekannten.

In der Regel erwartet man für ein derartiges System eine leere Lösungsmenge, da zu viele Bedingungen (Gleichungen) für die Unbekannten gestellt werden. Es kann aber auch genau eine Lösung oder unendlich viele Lösungen haben.
Zur Lösung eines überbestimmten linearen Gleichungssystems wählt man zuerst so viele Gleichungen aus wie Unbekannte vorhanden sind, löst dieses Teilsystem und prüft dann durch Einsetzen, ob die gefundenen Lösungen die verbleibende(n) Gleichung(en) erfüllen.

1. Untersuchen Sie das folgende lineare Gleichungssystem auf Lösbarkeit:

    Beispiel

    I $\quad 3x_1 + 7x_2 = 1$
    II $\quad -x_1 + 3x_2 = 5$
    III $\quad 2x_1 - 6x_2 = -5$

    Lösung:
    Für die ersten zwei Gleichungen wird mit dem Gauß-Algorithmus die Lösungsmenge bestimmt:

    $$\begin{pmatrix} 3 & 7 & | & 1 \\ -1 & 3 & | & 5 \end{pmatrix} \xrightarrow{\text{I}+3\cdot\text{II}} \begin{pmatrix} 3 & 7 & | & 1 \\ 0 & 16 & | & 16 \end{pmatrix}$$

    Aus II:
    $16x_2 = 16 \;\Rightarrow\; x_2 = 1 \text{ in I}$
    $\Rightarrow\; 3x_1 + 7 \cdot 1 = 1 \;\Rightarrow\; 3x_1 = -6 \;\Rightarrow\; x_1 = -2$

Nun wird geprüft, ob diese Lösungen die dritte Gleichung erfüllen:

III $2 \cdot (-2) - 6 \cdot 1 = -5 \Rightarrow -10 = -5$ Widerspruch

$\Rightarrow L = \{\}$

2. Untersuchen sie das folgende lineare Gleichungssystem auf Lösbarkeit und geben Sie die Lösungsmenge an:

I $\quad 3x_1 + x_2 = 3$

II $\quad x_1 - x_2 = -1$

III $\quad 2x_1 + 4x_2 = 7$

Lösung:

Für die ersten beiden Gleichungen wird die Lösungsmenge bestimmt. Aus II: $x_1 = x_2 - 1$, eingesetzt in I:

$3 \cdot (x_2 - 1) + x_2 = 3 \Rightarrow 4x_2 = 6 \Rightarrow x_2 = \frac{3}{2} \Rightarrow x_1 = \frac{1}{2}$

In III: $2 \cdot \frac{1}{2} + 4 \cdot \frac{3}{2} = 7 \Rightarrow 7 = 7$ wahre Aussage

$\Rightarrow L = \left\{ \left(\frac{1}{2} \mid \frac{3}{2} \right) \right\}$

Weitere Beispiele für überbestimmte lineare Gleichungssysteme finden sich in Kapitel 4 (z. B. Seite 186 oder 200 f.).

Ein lineares Gleichungssystem heißt **unterbestimmt**, wenn die Zahl der Gleichungen kleiner ist als die Zahl der Unbekannten.

Ein derartiges System hat in der Regel unendlich viele Lösungen, da zu wenige Bedingungen (Gleichungen) für die Unbekannten gestellt werden. Eine oder sogar mehrere der Unbekannten können frei gewählt werden. Nur selten führt ein unterbestimmtes lineares Gleichungssystem auf einen Widerspruch und hat dann keine Lösung.

1. Bestimmen Sie für folgendes lineares Gleichungssystem die Lösungsmenge:

Beispiel

I $\quad 2x + 7y + z = 5$
II $\quad \underline{x + 3y + z = 2}$

Lösung mit dem Gauß-Algorithmus:

$$\begin{pmatrix} 2 & 7 & 1 & | & 5 \\ 1 & 3 & 1 & | & 2 \end{pmatrix} \xrightarrow{\;I - 2 \cdot II\;} \begin{pmatrix} 2 & 7 & 1 & | & 5 \\ 0 & 1 & -1 & | & 1 \end{pmatrix}$$

Da eine dritte Gleichung (Bedingung) für die drei Unbekannten fehlt, darf eine Unbekannte frei gewählt werden: $z = \lambda$

Aus II: $y - \lambda = 1 \;\Rightarrow\; y = 1 + \lambda$ in I

$\Rightarrow\; 2x + 7 \cdot (1 + \lambda) + \lambda = 5 \;\Rightarrow\; 2x = -2 - 8\lambda \;\Rightarrow\; x = -1 - 4\lambda$

$\Rightarrow\; L = \{(-1 - 4\lambda \,|\, 1 + \lambda \,|\, \lambda); \lambda \in \mathbb{R}\}$

2. Bestimmen Sie für folgendes lineares Gleichungssystem die Lösungsmenge:

I $\quad x_1 - x_2 + 2x_3 = 1$
II $\quad 2x_1 + 3x_2 - x_3 = 3$
III $\quad \underline{4x_1 + x_2 + 3x_3 = 5}$

Lösung mit dem Gauß-Algorithmus:

$$\begin{pmatrix} 1 & -1 & 2 & | & 1 \\ 2 & 3 & -1 & | & 3 \\ 4 & 1 & 3 & | & 5 \end{pmatrix} \xrightarrow[\;2 \cdot II - III\;]{\;2 \cdot I - II\;} \begin{pmatrix} 1 & -1 & 2 & | & 1 \\ 0 & -5 & 5 & | & -1 \\ 0 & 5 & -5 & | & 1 \end{pmatrix} \xrightarrow{\;II + III\;}$$

$$\begin{pmatrix} 1 & -1 & 2 & | & 1 \\ 0 & -5 & 5 & | & -1 \\ 0 & 0 & 0 & | & 0 \end{pmatrix}$$

„Gute" Nullzeile, System ist unterbestimmt:

$x_3 = \lambda$ in II

$\Rightarrow\; -5x_2 + 5\lambda = -1 \;\Rightarrow\; -5x_2 = -1 - 5\lambda \;\Rightarrow\; x_2 = \frac{1}{5} + \lambda$ in I

$\Rightarrow\; x_1 - \left(\frac{1}{5} + \lambda\right) + 2\lambda = 1 \;\Rightarrow\; x_1 = \frac{6}{5} - \lambda$

$\Rightarrow\; L = \left\{\left(\frac{6}{5} - \lambda \,\middle|\, \frac{1}{5} + \lambda \,\middle|\, \lambda\right); \lambda \in \mathbb{R}\right\}$

Weitere Beispiele für unterbestimmte lineare Gleichungssysteme finden sich in Kapitel 4 (z. B. Seite 203).

Das folgende Beispiel zeigt, dass bei Anwendungsaufgaben, die auf ein unterbestimmtes lineares Gleichungssystem führen, die Lösungsmenge durch **Nebenbedingungen** eingeschränkt sein kann, sodass tatsächlich nur endlich viele Lösungen möglich sind.

Beispiel

Für den Kauf von 15 Geschenken stehen insgesamt 300 € zur Verfügung. Es sollen Geschenke für 10 €, 15 € und 50 € gekauft werden, wobei jede Preisklasse mindestens einmal vertreten sein soll.
Berechnen Sie die Anzahl der Geschenke aus jeder Preisklasse.

Lösung:
Die Unbekannten x, y und z sollen die Anzahl der Geschenke für 10 €, 15 € und 50 € angeben. Damit muss gelten:

I $\quad\quad x + y + z = 15$

II $\quad 10x + 15y + 50z = 300$

Gauß-Algorithmus:

$$\begin{pmatrix} 1 & 1 & 1 & | & 15 \\ 10 & 15 & 50 & | & 300 \end{pmatrix} \xrightarrow{10 \cdot \text{I} - \text{II}} \begin{pmatrix} 1 & 1 & 1 & | & 15 \\ 0 & -5 & -40 & | & -150 \end{pmatrix}$$

$z = \lambda$ in II: $-5y - 40\lambda = -150$; $-5y = -150 + 40\lambda$; $y = 30 - 8\lambda$ in I

$\Rightarrow \quad x + (30 - 8\lambda) + \lambda = 15$; $x = -15 + 7\lambda$

$\Rightarrow \quad L = \{(-15 + 7\lambda \,|\, 30 - 8\lambda \,|\, \lambda); \lambda \in \mathbb{R}\}$

Da nur ganze Geschenke gekauft werden können und jede Preisklasse einmal vertreten sein soll, muss x, y, z $\in \mathbb{N}$ gelten und:

$\quad\quad\quad \lambda \geq 1$

$30 - 8\lambda \geq 1 \quad \Rightarrow \quad -8\lambda \geq -29 \quad \Rightarrow \quad \lambda \leq 3{,}625$

$-15 + 7\lambda \geq 1 \quad \Rightarrow \quad 7\lambda \geq 16 \quad \Rightarrow \quad \lambda \geq 2{,}29$

Wegen $2{,}29 \leq \lambda \leq 3{,}625$ gilt: $\lambda = 3 = z$

$\Rightarrow \quad y = 30 - 8 \cdot 3 = 6$; $x = -15 + 7 \cdot 3 = 6$

Damit müssen jeweils 6 Geschenke zu 10 € und 15 € sowie 3 Geschenke zu 50 € gekauft werden.

2 Vektoren im $\mathbb{R}^3$

2.1 Der Vektorbegriff

Aus der Physik kennt man Größen, die nicht nur durch Maßzahl und Einheit, sondern auch durch ihre Richtung bestimmt sind.

Eine Kraft $\vec{F}$ greift an einem Körper an:

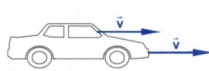

Ein Auto fährt mit der Geschwindigkeit $\vec{v}$:

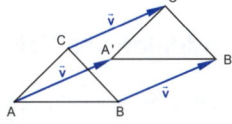

Die Kongruenzabbildung Verschiebung V ist durch die Vorgabe eines Verschiebungspfeils bestimmt:

$V_{\vec{v}}: \quad \Delta ABC \;\rightarrow\; \Delta A'B'C'$

$\vec{v} = \overrightarrow{AA'} = \overrightarrow{BB'} = \overrightarrow{CC'}$

Bei der Kongruenzabbildung Verschiebung wird erstmals der Begriff **Vektor** definiert.

Vektoren und Repräsentanten
Unter einem (Verschiebungs-)**Vektor** versteht man die Menge aller gleich langen, gleich gerichteten und parallelen Pfeile (= parallelgleichen Pfeile) des Anschauungsraumes.
Ein einzelner Pfeil heißt **Repräsentant** dieses Vektors.

Anmerkung: Da es umständlich ist, jedes Mal von einem Repräsentanten eines Vektors zu sprechen, verwendet man auch kurz die Bezeichnung Vektor für einen Repräsentanten.

Betrag
Unter dem **Betrag** eines Vektors $\vec{a}$ versteht man die Länge seines Vektorpfeils. Bezeichnung: $|\vec{a}|$

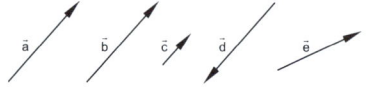

Es gilt:

$\vec{a} = \vec{b}$, weil sie gleiche Repräsentanten besitzen

$\vec{a} \neq \vec{c}$, weil $\vec{a} \parallel \vec{c}$, aber $|\vec{a}| \neq |\vec{c}|$

$\vec{d} = -\vec{a}$, weil $\vec{a} \parallel \vec{d}$ und $|\vec{a}| = |\vec{d}|$, aber genau umgekehrte Richtung

---

Gegenvektor
Der Vektor **$-\vec{a}$** heißt **Gegenvektor** zum Vektor $\vec{a}$.

2.2 Addition von Vektoren

Die Addition zweier Vektoren $\vec{a}$ und $\vec{b}$ wird geometrisch im Anschauungsraum definiert:

Summenvektor
Man setzt den Anfangspunkt des einen Vektors an die Spitze des anderen. Der **Summenvektor $\vec{a} + \vec{b}$** zeigt dann vom Anfangspunkt des ersten Pfeils zum Endpunkt des zweiten Pfeils.

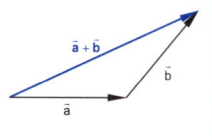

Sonderfall
Addiert man zu einem Vektor $\vec{a}$ seinen Gegenvektor $-\vec{a}$, so ist das Ergebnis der **Nullvektor $\vec{0}$**. Der Nullvektor $\vec{0}$ hat keine Länge und keine Richtung.

Für die **Addition** in der Menge V aller Vektoren des Anschauungsraums gilt:

(A1) Addiert man zwei Vektoren $\vec{a}$ und $\vec{b}$ aus V, so ergibt sich wieder ein Vektor aus V:

$\vec{a} + \vec{b} = \vec{c} \wedge \vec{c} \in \mathbf{V}$

V ist bezüglich der Verknüpfung „+" **abgeschlossen**.

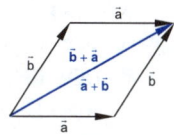

(A2) In V gilt das **Kommutativgesetz**:
$\vec{a} + \vec{b} = \vec{b} + \vec{a}$

(A3) In V gilt das **Assoziativgesetz**:
$(\vec{a} + \vec{b}) + \vec{c} = \vec{a} + (\vec{b} + \vec{c}) = \vec{a} + \vec{b} + \vec{c}$

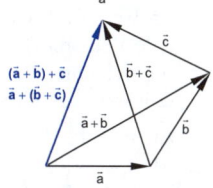

(A4) In V gibt es ein **neutrales Element**, den Nullvektor $\vec{0}$, sodass gilt: $\vec{a} + \vec{0} = \vec{a}$

(A5) In V gibt es zu jedem Vektor $\vec{a}$ ein **inverses Element**, den Gegenvektor $-\vec{a}$, sodass gilt: $\vec{a} + (-\vec{a}) = \vec{0}$

1. **Vektorkette** (= Summe mehrerer Vektoren):
$\vec{x} = \vec{a} + \vec{b} + \vec{c} + \vec{d}$

Beispiel

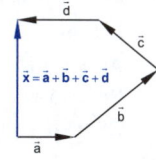

Eine Vektorkette mit dem Nullvektor als Summenvektor heißt **geschlossene Vektorkette**. Es gilt:
$\vec{a} + \vec{b} + \vec{c} + \vec{d} + \vec{e} + \vec{f} = \vec{0}$

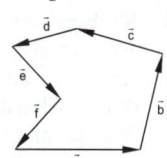

2. **Subtraktion von zwei Vektoren**
   Es zeigt sich, dass die Subtraktion nicht als eigene Verknüpfung betrachtet werden muss. Ein Vektor wird subtrahiert, indem man den Gegenvektor addiert. Es gilt:

   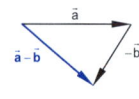

   $$\vec{a} - \vec{b} = \vec{a} + (-\vec{b})$$

3. **Parallelflach** oder **Spat** („schiefer" Quader)
   Weitere Repräsentanten von $\vec{a}, \vec{b}, \vec{c}$ sind:

   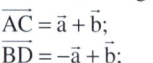

   $$\vec{a} = \overrightarrow{DC} = \overrightarrow{EF} = \overrightarrow{HG}$$
   $$\vec{b} = \overrightarrow{AD} = \overrightarrow{EH} = \overrightarrow{FG}$$
   $$\vec{c} = \overrightarrow{BF} = \overrightarrow{AE} = \overrightarrow{DH}$$

   Alle Vektoren des Spats lassen sich durch $\vec{a}, \vec{b}, \vec{c}$ ausdrücken, z. B. gilt:

$\overrightarrow{AC} = \vec{a} + \vec{b};$	$\overrightarrow{AG} = \vec{a} + \vec{b} + \vec{c};$	$\overrightarrow{AH} = \vec{b} + \vec{c};$
$\overrightarrow{BD} = -\vec{a} + \vec{b};$	$\overrightarrow{BE} = -\vec{a} + \vec{c};$	$\overrightarrow{BH} = -\vec{a} + \vec{b} + \vec{c};$
$\overrightarrow{CE} = -\vec{a} - \vec{b} + \vec{c};$	$\overrightarrow{FD} = -\vec{a} + \vec{b} - \vec{c}$	

4. **Pyramide**
   Es sei: $\overrightarrow{AB} = \vec{a}, \overrightarrow{BC} = \vec{b}, \overrightarrow{AS} = \vec{c}$
   Bestimmen Sie $\overrightarrow{AC}, \overrightarrow{BS}$ und $\overrightarrow{CS}$ in Abhängigkeit von $\vec{a}, \vec{b}, \vec{c}$.

   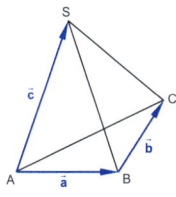

   Lösung:
   $$\overrightarrow{AC} = \vec{a} + \vec{b}$$
   $$\overrightarrow{BS} = -\vec{a} + \vec{c}$$
   $$\overrightarrow{CS} = -\vec{b} - \vec{a} + \vec{c}$$

5. **Kräfteparallelogramm**
   Wenn an einem Körper K zwei Kräfte $\vec{F}_1$ und $\vec{F}_2$ angreifen, dann erhält man die resultierende Gesamtkraft $\vec{F}$ als Vektorsumme $\vec{F} = \vec{F}_1 + \vec{F}_2$.

   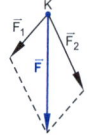

2.3 Die S-Multiplikation

Für die Summe $\vec{a} + \vec{a} + \vec{a} + \vec{a}$ von vier
gleichen Vektoren schreibt man in An-
lehnung an die Zahlenmultiplikation
$4 \cdot \vec{a} = 4\vec{a}$. Der Vektor $4\vec{a}$ besitzt die gleiche Richtung, aber die vierfache Länge
des Vektors $\vec{a}$.

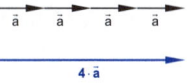

Aufgrund dieser Überlegungen legt man allgemein fest:

S-Multiplikation
Für alle Vektoren $\vec{a} \in V$ und alle Zahlen $k \in \mathbb{R}$ existiert genau
ein Vektor $\mathbf{k \cdot \vec{a}}$ mit folgenden Eigenschaften:
- $k \cdot \vec{a}$ hat den $|k|$-fachen Betrag des Vektors $\vec{a}$.
- Für $k > 0$: $\vec{a}$ und $k \cdot \vec{a}$ haben die gleiche Richtung.
  Für $k = 0$: $k \cdot \vec{a} = \vec{0}$.
  Für $k < 0$: $\vec{a}$ und $k \cdot \vec{a}$ haben die entgegengesetzte Richtung.

Da bei dieser Verknüpfung „$\cdot$" Zahlen (Skalare) mit Vektoren
verknüpft werden, heißt diese Rechenart auch **S-Multiplikation**
(skalare Multiplikation). Die S-Multiplikation trat in der Mittelstufe bei der zentrischen Streckung auf.

Anmerkung: Die Vektoren $\vec{a}$ und $k \cdot \vec{a}$ sind **parallel**.

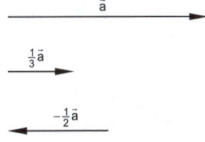

Für die S-Multiplikation gelten die folgenden Gesetze:

(S1) **Gemischtes Assoziativgesetz:**
$$k_1 \cdot (k_2 \cdot \vec{a}) = (k_1 \cdot k_2) \cdot \vec{a}; \quad k_1, k_2 \in \mathbb{R}, \ \vec{a} \in V$$

(S2) **S-Distributivgesetz:**
$$(k_1 + k_2) \cdot \vec{a} = k_1 \cdot \vec{a} + k_2 \cdot \vec{a}; \quad k_1, k_2 \in \mathbb{R}, \ \vec{a} \in V$$

(S3) V-Distributivgesetz:
$$k \cdot (\vec{a} + \vec{b}) = k \cdot \vec{a} + k \cdot \vec{b};$$
$$k \in \mathbb{R}, \ \vec{a}, \vec{b} \in V$$

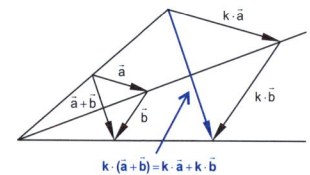

$$k \cdot (\vec{a} + \vec{b}) = k \cdot \vec{a} + k \cdot \vec{b}$$

(S4) Unitäres Gesetz:
$$1 \cdot \vec{a} = \vec{a}; \quad \vec{a} \in V$$

Folgerungen:
(1) $k \cdot \vec{0} = \vec{0}$
(2) $0 \cdot \vec{a} = \vec{0}$
(3) $k \cdot \vec{a} = \vec{0} \implies k = 0 \lor \vec{a} = \vec{0}$
(4) $k \cdot (-\vec{a}) = (-k) \cdot \vec{a} = -(k \cdot \vec{a}) = -k \cdot \vec{a}$

Beispiel

1. Mit Vektoren kann man aufgrund der Rechengesetze für Addition und S-Multiplikation rechnen wie in der Zahlenalgebra.
$$4\vec{a} - 6\vec{b} + 2\vec{x} - \tfrac{1}{2}(4\vec{a} - 2\vec{b}) = \vec{0}$$
$$4\vec{a} - 6\vec{b} + 2\vec{x} - 2\vec{a} + \vec{b} = \vec{0}$$
$$2\vec{x} = -2\vec{a} + 5\vec{b} \quad |:2$$
$$\vec{x} = -\vec{a} + 2{,}5\vec{b}$$

2. Es gilt: $\overrightarrow{AB} = \vec{a}$
$$\overrightarrow{AD} = \vec{b}$$
$$\overrightarrow{AE} = \vec{c}$$
$$\overrightarrow{AS} = \tfrac{2}{3}\vec{a}$$
$$\overrightarrow{AT} = \tfrac{3}{4}\vec{b}$$

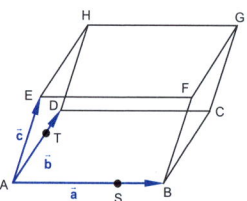

Für die folgenden Vektoren gilt in Abhängigkeit von $\vec{a}, \vec{b}, \vec{c}$:
$$\overrightarrow{SG} = \tfrac{1}{3}\vec{a} + \vec{b} + \vec{c}, \qquad \overrightarrow{TF} = -\tfrac{3}{4}\vec{b} + \vec{a} + \vec{c},$$
$$\overrightarrow{ST} = -\tfrac{2}{3}\vec{a} + \tfrac{3}{4}\vec{b}, \qquad \overrightarrow{SH} = -\tfrac{2}{3}\vec{a} + \vec{b} + \vec{c}$$

3. Für den **Mittelpunkt M einer Strecke [AB]** gilt:

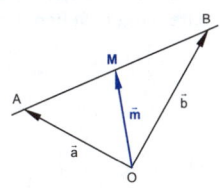

$$\vec{m} = \overrightarrow{OA} + \overrightarrow{AM}$$
$$= \vec{a} + \tfrac{1}{2}\overrightarrow{AB} = \vec{a} + \tfrac{1}{2}(\vec{b} - \vec{a})$$
$$= \vec{a} + \tfrac{1}{2}\vec{b} - \tfrac{1}{2}\vec{a} = \tfrac{1}{2}\vec{a} + \tfrac{1}{2}\vec{b}$$
$$\vec{m} = \tfrac{1}{2}(\vec{a} + \vec{b})$$

4. Für den **Schwerpunkt S eines Dreiecks ABC** gilt:

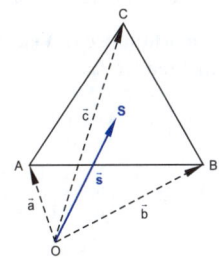

$$\overrightarrow{OS} = \tfrac{1}{3}(\overrightarrow{OA} + \overrightarrow{OB} + \overrightarrow{OC})$$

oder

$$\vec{s} = \tfrac{1}{3}(\vec{a} + \vec{b} + \vec{c})$$

2.4 Der Vektorraum

Mithilfe der Rechengesetze (A1) bis (A5) für die Vektoraddition (vergleiche Seite 155) und (S1) bis (S4) für die S-Multiplikation (vergleiche Seite 157 f.) kann der Begriff Vektorraum definiert werden:

> **Vektorraum**
> Eine Menge V von Vektoren, für die eine Vektoraddition definiert ist, sodass die Gesetze (A1) bis (A5) erfüllt sind, sowie eine S-Multiplikation für einen Vektor $\vec{v} \in V$ mit einer reellen Zahl $k \in \mathbb{R}$, sodass die Gesetze (S1) bis (S4) erfüllt sind, heißt **reeller Vektorraum**.

1. Der **geometrische Vektorraum V** der Verschiebungspfeile im Anschauungsraum ist hier das geometrische „**Anschauungsmodell**".

Beispiel

2. Der **arithmetische Vektorraum** $\mathbb{R}^2 = \mathbb{R} \times \mathbb{R}$ enthält alle Paare reeller Zahlen der Form

$$\vec{v} = \begin{pmatrix} v_1 \\ v_2 \end{pmatrix} \text{ und } \vec{w} = \begin{pmatrix} w_1 \\ w_2 \end{pmatrix} \text{ mit}$$

$$\vec{v} + \vec{w} = \begin{pmatrix} v_1 \\ v_2 \end{pmatrix} + \begin{pmatrix} w_1 \\ w_2 \end{pmatrix} = \begin{pmatrix} v_1 + w_1 \\ v_2 + w_2 \end{pmatrix} \text{ und}$$

$$k \cdot \vec{v} = k \cdot \begin{pmatrix} v_1 \\ v_2 \end{pmatrix} = \begin{pmatrix} k \cdot v_1 \\ k \cdot v_2 \end{pmatrix}; k \in \mathbb{R}.$$

Er beschreibt die Vektoren der reellen Zahlenebene.

3. Der **arithmetische Vektorraum** $\mathbb{R}^3 = \mathbb{R} \times \mathbb{R} \times \mathbb{R}$ enthält alle Tripel reeller Zahlen

$$\vec{a} = \begin{pmatrix} a_1 \\ a_2 \\ a_3 \end{pmatrix}, \vec{b} = \begin{pmatrix} b_1 \\ b_2 \\ b_3 \end{pmatrix} \text{ mit}$$

$$\vec{a} + \vec{b} = \begin{pmatrix} a_1 \\ a_2 \\ a_3 \end{pmatrix} + \begin{pmatrix} b_1 \\ b_2 \\ b_3 \end{pmatrix} = \begin{pmatrix} a_1 + b_1 \\ a_2 + b_2 \\ a_3 + b_3 \end{pmatrix} \text{ und}$$

$$k \cdot \vec{a} = k \cdot \begin{pmatrix} a_1 \\ a_2 \\ a_3 \end{pmatrix} = \begin{pmatrix} k \cdot a_1 \\ k \cdot a_2 \\ k \cdot a_3 \end{pmatrix}; k \in \mathbb{R}.$$

Er wird hier das **„Rechenmodell"**.

2.5 Lineare Abhängigkeit und Unabhängigkeit von Vektoren, Basis und Dimension eines Vektorraums

Muss man alle Vektoren eines Vektorraums kennen oder genügen bereits endlich viele, um alle anderen Vektoren darstellen zu können? Um dieser Frage nachzugehen, führt man einige grundlegende Begriffe ein.

Zuerst wird folgendes Beispiel betrachtet:

$$\vec{x} = 3{,}5\vec{v}_1 + 2\vec{v}_2,$$

d. h., $\vec{x}$ lässt sich durch $\vec{v}_1$ und $\vec{v}_2$ ausdrücken.

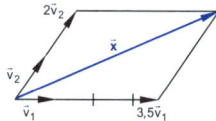

Man definiert:

Linearkombination

V sei ein reeller Vektorraum, $\vec{v}_1, \vec{v}_2, \ldots, \vec{v}_n \in V$ und
$k_1, k_2, \ldots, k_n \in \mathbb{R}$.

Der Vektor $\mathbf{k_1 \cdot \vec{v}_1 + k_2 \cdot \vec{v}_2 + \ldots + k_n \cdot \vec{v}_n = \sum_{i=1}^{n} k_i \cdot \vec{v}_i}$

heißt **Linearkombination** der Vektoren $\vec{v}_1, \vec{v}_2, \ldots, \vec{v}_n$.

Wie man an der obigen Skizze sieht, kann man jeden Vektor, der
mit $\vec{v}_1$ und $\vec{v}_2$ in einer Ebene liegt, als Linearkombination der
beiden Vektoren $\vec{v}_1$ und $\vec{v}_2$ darstellen.

$$\vec{v}_1 = -2 \cdot \vec{v}_2 \quad (\vec{v}_1 \text{ und } \vec{v}_2 \text{ sind}$$
parallel zueinander)
$$\vec{v}_1 + 2 \cdot \vec{v}_2 = \vec{0}$$

Der Nullvektor lässt sich als Linearkombination $1 \cdot \vec{v}_1 + 2 \cdot \vec{v}_2 = \vec{0}$
darstellen, d. h. in der Form $k_1 \cdot \vec{v}_1 + k_2 \cdot \vec{v}_2 = \vec{0}$, wobei $k_1 \neq 0$ und
$k_2 \neq 0$ gilt.

Diese Überlegungen werden verallgemeinert:

Lineare Abhängigkeit, lineare Unabhängigkeit

V sei ein reeller Vektorraum. Die Vektoren $\vec{v}_1, \vec{v}_2, \ldots, \vec{v}_n$
heißen **linear abhängig**, wenn es Zahlen $k_1, k_2, \ldots, k_n \in \mathbb{R}$
mit

$\mathbf{k_1 \cdot \vec{v}_1 + k_2 \cdot \vec{v}_2 + \ldots + k_n \cdot \vec{v}_n = \vec{0}}$

gibt, wobei nicht alle k_i ($i = 1, \ldots, n$) gleichzeitig null sind.
Die n Vektoren $\vec{v}_1, \vec{v}_2, \ldots, \vec{v}_n$ sind genau dann linear abhängig, wenn sich mindestens einer der n Vektoren durch die
restlichen $n - 1$ Vektoren ausdrücken lässt.

Vektoren, die nicht linear abhängig sind, heißen **linear unabhängig**. Das ist genau dann der Fall, wenn obige Gleichung
nur für $k_1 = k_2 = \ldots = k_n = 0$ gilt.

Wenn n die Maximalzahl linear unabhängiger Vektoren in
einem Vektorraum ist, dann heißt n die **Dimension** des Vektorraums.

Folgerungen:

(1) Zwei Vektoren $\vec{a}$ und $\vec{b}$ sind genau dann linear abhängig, wenn sie **parallel** sind. Man sagt auch, sie sind **kollinear**.

Für zwei kollineare Vektoren $\vec{a}$ und $\vec{b}$ gilt also die

1. Kollinearitätsbedingung: $\vec{a} = r \cdot \vec{b}$ (bzw. $\vec{b} = r' \cdot \vec{a}$)

oder äquivalent dazu die

2. Kollinearitätsbedingung: $k \cdot \vec{a} + m \cdot \vec{b} = \vec{0}$ mit
$k \neq 0$ oder $m \neq 0$.

(2) Drei Vektoren $\vec{a}, \vec{b}, \vec{c}$ sind genau dann linear abhängig, wenn sie **in einer Ebene** liegen. Man sagt, sie sind **komplanar**.

Für drei komplanare Vektoren $\vec{a}, \vec{b}, \vec{c}$ gilt also die

1. Komplanaritätsbedingung: $\vec{a} = \lambda_1 \cdot \vec{b} + \lambda_2 \cdot \vec{c}$
(bzw. $\vec{b} = \mu_1 \cdot \vec{a} + \mu_2 \cdot \vec{c}$
bzw. $\vec{c} = \varphi_1 \cdot \vec{a} + \varphi_2 \cdot \vec{b}$)

oder äquivalent dazu die

2. Komplanaritätsbedingung: $k \cdot \vec{a} + \ell \cdot \vec{b} + m \cdot \vec{c} = \vec{0}$ mit
$k \neq 0$ oder $\ell \neq 0$ oder $m \neq 0$

(3) Drei Vektoren $\vec{a}, \vec{b}, \vec{c}$ sind genau dann linear unabhängig, wenn die Bedingung $k \cdot \vec{a} + \ell \cdot \vec{b} + m \cdot \vec{c} = \vec{0}$ nur für $k = \ell = m = 0$ gilt.

Beispiel

Im dreidimensionalen Vektorraum $\mathbb{R}^3$ sind die Vektoren

$\vec{e}_1 = \begin{pmatrix} 1 \\ 0 \\ 0 \end{pmatrix}, \vec{e}_2 = \begin{pmatrix} 0 \\ 1 \\ 0 \end{pmatrix}, \vec{e}_3 = \begin{pmatrix} 0 \\ 0 \\ 1 \end{pmatrix}$ linear unabhängig, weil

$k \cdot \vec{e}_1 + \ell \cdot \vec{e}_2 + m \cdot \vec{e}_3 = \vec{0}$ nur für $k = \ell = m = 0$ gilt.

Jeder andere Vektor $\vec{x} = \begin{pmatrix} x_1 \\ x_2 \\ x_3 \end{pmatrix} \in \mathbb{R}^3$ kann durch $\vec{e}_1, \vec{e}_2, \vec{e}_3$ ausgedrückt werden. Es gilt:

$\vec{x} = \begin{pmatrix} x_1 \\ x_2 \\ x_3 \end{pmatrix} = x_1 \cdot \begin{pmatrix} 1 \\ 0 \\ 0 \end{pmatrix} + x_2 \cdot \begin{pmatrix} 0 \\ 1 \\ 0 \end{pmatrix} + x_3 \cdot \begin{pmatrix} 0 \\ 0 \\ 1 \end{pmatrix} = x_1 \cdot \vec{e}_1 + x_2 \cdot \vec{e}_2 + x_3 \cdot \vec{e}_3$

Durch $\vec{e}_1, \vec{e}_2, \vec{e}_3$ lässt sich somit der gesamte Raum $\mathbb{R}^3$ darstellen.

Mithilfe des Begriffs der linearen Unabhängigkeit von Vektoren definiert man:

> **Basis eines Vektorraums**
> V sei ein reeller (n-dimensionaler) Vektorraum. Eine Teilmenge $B = \{\vec{b}_1; \vec{b}_2; \ldots; \vec{b}_n\} \subseteq V$ aus n Vektoren heißt **Basis** des Vektorraums V, wenn die Vektoren $\vec{b}_1, \vec{b}_2, \ldots, \vec{b}_n$ eine maximale Teilmenge linear unabhängiger Vektoren sind.

Folgerungen:

(1) Gilt $\dim(V) = n$ für die Dimension des Vektorraums V, dann ist jede Menge aus n linear unabhängigen Vektoren eine Basis von V.

Jede Menge aus $n + 1$ Vektoren ist stets linear abhängig, z. B. sind im dreidimensionalen Anschauungsraum stets vier Vektoren bereits linear abhängig.

(2) Jeder Vektor $\vec{x}$ ist eindeutig durch die Basisvektoren darstellbar:

$$\vec{x} = x_1 \cdot \vec{b}_1 + x_2 \cdot \vec{b}_2 + \ldots + x_n \cdot \vec{b}_n$$

Die Zahlen $x_1, x_2, \ldots, x_n$ heißen **Koordinaten** des Vektors $\vec{x}$.

(3) Addition und S-Multiplikation erfolgen **koordinatenweise**. Es gilt:

$$\vec{x} = \sum_{i=1}^{n} x_i \cdot \vec{b}_i, \quad \vec{y} = \sum_{i=1}^{n} y_i \cdot \vec{b}_i$$

$$\vec{x} + \vec{y} = \sum_{i=1}^{n} x_i \cdot \vec{b}_i + \sum_{i=1}^{n} y_i \cdot \vec{b}_i = \sum_{i=1}^{n} (x_i + y_i) \cdot \vec{b}_i$$

$$k \cdot \vec{x} = k \cdot \sum_{i=1}^{n} x_i \cdot \vec{b}_i = \sum_{i=1}^{n} (k \cdot x_i) \cdot \vec{b}_i$$

(4) Im Vektorraum $\mathbb{R}^3$ bilden die Vektoren

$$\vec{e}_1 = \begin{pmatrix} 1 \\ 0 \\ 0 \end{pmatrix}, \vec{e}_2 = \begin{pmatrix} 0 \\ 1 \\ 0 \end{pmatrix}, \vec{e}_3 = \begin{pmatrix} 0 \\ 0 \\ 1 \end{pmatrix}$$

eine Basis, die **Standardbasis**.

1. $V = \mathbb{R}^3$: Die Vektoren $\vec{a} = \begin{pmatrix} -1 \\ 3 \\ 0 \end{pmatrix}$ und $\vec{b} = \begin{pmatrix} -2 \\ 6 \\ -5 \end{pmatrix}$ seien bezüglich

   der Standardbasis $B = \{\vec{e}_1; \vec{e}_2; \vec{e}_3\}$ gegeben. Es gilt dann:

   $$\vec{a} + \vec{b} = \begin{pmatrix} -1 \\ 3 \\ 0 \end{pmatrix} + \begin{pmatrix} -2 \\ 6 \\ -5 \end{pmatrix} = \begin{pmatrix} -1-2 \\ 3+6 \\ 0-5 \end{pmatrix} = \begin{pmatrix} -3 \\ 9 \\ -5 \end{pmatrix}$$

   $$3 \cdot \vec{a} = 3 \cdot \begin{pmatrix} -1 \\ 3 \\ 0 \end{pmatrix} = \begin{pmatrix} 3 \cdot (-1) \\ 3 \cdot 3 \\ 3 \cdot 0 \end{pmatrix} = \begin{pmatrix} -3 \\ 9 \\ 0 \end{pmatrix}$$

2. $B = \left\{ \begin{pmatrix} 1 \\ 1 \\ 2 \end{pmatrix}; \begin{pmatrix} 0 \\ 1 \\ 1 \end{pmatrix}; \begin{pmatrix} 2 \\ 0 \\ -1 \end{pmatrix} \right\} = \{\vec{b}_1; \vec{b}_2; \vec{b}_3\}$ ist eine Basis des $\mathbb{R}^3$,

   wobei $\vec{b}_1, \vec{b}_2, \vec{b}_3$ bezüglich der Standardbasis gegeben sind.

   a) Bestimmen Sie die Koordinaten des Vektors $\vec{x} = \begin{pmatrix} 9 \\ -1 \\ -4 \end{pmatrix}$
      bezüglich der Basis B.

      Lösung:
      Es muss gelten:

      $$\vec{x} = \begin{pmatrix} 9 \\ -1 \\ -4 \end{pmatrix} = x_1 \cdot \begin{pmatrix} 1 \\ 1 \\ 2 \end{pmatrix} + x_2 \cdot \begin{pmatrix} 0 \\ 1 \\ 1 \end{pmatrix} + x_3 \cdot \begin{pmatrix} 2 \\ 0 \\ -1 \end{pmatrix}$$

      $$\begin{array}{llll} (1) & x_1 & + 2x_3 & = 9 \\ (2) & x_1 + x_2 & & = -1 \\ (3) & 2x_1 + x_2 & - x_3 & = -4 \end{array}$$

      aus (1): $x_3 = -\frac{1}{2}x_1 + \frac{9}{2}$

      aus (2): $x_2 = -x_1 - 1$ in (3)

      $2x_1 - x_1 - 1 + \frac{1}{2}x_1 - \frac{9}{2} = -4 \ \Rightarrow \ \frac{3}{2}x_1 = \frac{3}{2}$

      $$x_1 = 1$$
      $$x_3 = -\frac{1}{2} + \frac{9}{2} = 4$$
      $$x_2 = -1 - 1 = -2$$

      $$\Rightarrow \quad \vec{x} = \begin{pmatrix} 1 \\ -2 \\ 4 \end{pmatrix}_B$$

      Darstellung des Vektors $\vec{x}$ bezüglich der Basis B.

   b) Der Vektor $\vec{y}$ hat bezüglich der Basis B die Darstellung:

      $$\vec{y} = \begin{pmatrix} 3 \\ 1 \\ 1 \end{pmatrix}_B$$

Bestimmen Sie seine Koordinaten bezüglich der Standardbasis.

Lösung:
Es muss gelten:

$$\vec{y} = \begin{pmatrix} 3 \\ 1 \\ 1 \end{pmatrix}_B = 3 \cdot \vec{b}_1 + \vec{b}_2 + \vec{b}_3 = 3 \cdot \begin{pmatrix} 1 \\ 1 \\ 2 \end{pmatrix} + \begin{pmatrix} 0 \\ 1 \\ 1 \end{pmatrix} + \begin{pmatrix} 2 \\ 0 \\ -1 \end{pmatrix} = \begin{pmatrix} 3+0+2 \\ 3+1+0 \\ 6+1-1 \end{pmatrix} =$$

$$= \begin{pmatrix} 5 \\ 4 \\ 6 \end{pmatrix}$$

3. Gegeben sind im $\mathbb{R}^3$ die Vektoren

$$\vec{a} = \begin{pmatrix} 1 \\ 3 \\ -1 \end{pmatrix}; \vec{b} = \begin{pmatrix} 4 \\ 0 \\ 2 \end{pmatrix}; \vec{c} = \begin{pmatrix} 1 \\ -1 \\ -5 \end{pmatrix} \text{ und } \vec{d} = \begin{pmatrix} -2 \\ 4 \\ 3 \end{pmatrix}.$$

Zeigen Sie, dass die Vektoren $\vec{a}, \vec{b}, \vec{c}$ eine Basis des $\mathbb{R}^3$ bilden, und stellen Sie den Vektor $\vec{d}$ als Linearkombination dieser Basis dar.

Lösung:
Wenn die drei Vektoren $\vec{a}, \vec{b}, \vec{c}$ eine Basis des $\mathbb{R}^3$ bilden, müssen sie linear unabhängig sein, d. h., das lineare Gleichungssystem $\lambda_1 \cdot \vec{a} + \lambda_2 \cdot \vec{b} + \lambda_3 \cdot \vec{c} = \vec{0}$ darf nur die triviale Lösung $\lambda_1 = \lambda_2 = \lambda_3 = 0$ besitzen.

Gauß-Algorithmus

$$\begin{pmatrix} 1 & 4 & 1 & | & 0 \\ 3 & 0 & -1 & | & 0 \\ -1 & 2 & -5 & | & 0 \end{pmatrix} \xrightarrow[I+III]{3 \cdot I - II} \begin{pmatrix} 1 & 4 & 1 & | & 0 \\ 0 & 12 & 4 & | & 0 \\ 0 & 6 & -4 & | & 0 \end{pmatrix} \xrightarrow{II - 2 \cdot III}$$

$$\begin{pmatrix} 1 & 4 & 1 & | & 0 \\ 0 & 12 & 4 & | & 0 \\ 0 & 0 & 12 & | & 0 \end{pmatrix}$$

$\Rightarrow \lambda_3 = \lambda_2 = \lambda_1 = 0$, also bilden $\vec{a}, \vec{b}, \vec{c}$ eine Basis der $\mathbb{R}^3$.

Um den Vektor $\vec{d}$ als Linearkombination dieser Basis darzustellen, wird das lineare Gleichungssystem $\lambda_1 \cdot \vec{a} + \lambda_2 \cdot \vec{b} + \lambda_3 \cdot \vec{c} = \vec{d}$ gelöst:

Gauß-Algorithmus

$$\begin{pmatrix} 1 & 4 & 1 & | & -2 \\ 3 & 0 & -1 & | & 4 \\ -1 & 2 & -5 & | & 3 \end{pmatrix} \xrightarrow[\text{I} + \text{III}]{3 \cdot \text{I} - \text{II}} \begin{pmatrix} 1 & 4 & 1 & | & -2 \\ 0 & 12 & 4 & | & -10 \\ 0 & 6 & -4 & | & 1 \end{pmatrix} \xrightarrow{\text{II} - 2 \cdot \text{III}}$$

$$\begin{pmatrix} 1 & 4 & 1 & | & -2 \\ 0 & 12 & 4 & | & -10 \\ 0 & 0 & 12 & | & -12 \end{pmatrix}$$

aus III: $12\lambda_3 = -12 \Rightarrow \lambda_3 = -1$ in II

$\Rightarrow 12\lambda_2 - 4 = -10 \Rightarrow 12\lambda_2 = -6 \Rightarrow \lambda_2 = -\frac{1}{2}$ in I

$\Rightarrow \lambda_1 + 4 \cdot \left(-\frac{1}{2}\right) + 1 \cdot (-1) = -2 \Rightarrow \lambda_1 - 3 = -2 \Rightarrow \lambda_1 = 1$

Also gilt: $1 \cdot \vec{a} - \frac{1}{2} \cdot \vec{b} - 1 \cdot \vec{c} = \vec{d}$

4. Bestimmen Sie $k \in \mathbb{R}$ so, dass die Vektoren

$\vec{a} = \begin{pmatrix} 1 \\ 0 \\ -4 \end{pmatrix}; \vec{b}_k = \begin{pmatrix} 3 \\ 1 \\ k \end{pmatrix}$ und $\vec{c}_k = \begin{pmatrix} -8 \\ k \\ 0 \end{pmatrix}$ linear abhängig sind.

Lösung:

Die drei Vektoren sind linear abhängig, wenn das lineare Gleichungssystem $\lambda_1 \cdot \vec{a} + \lambda_2 \cdot \vec{b}_k + \lambda_3 \cdot \vec{c}_k = \vec{0}$ nicht nur die triviale Lösung $\lambda_1 = \lambda_2 = \lambda_3 = 0$ besitzt.

Gauß-Algorithmus

$$\begin{pmatrix} 1 & 3 & -8 & | & 0 \\ 0 & 1 & k & | & 0 \\ -4 & k & 0 & | & 0 \end{pmatrix} \xrightarrow{4 \cdot \text{I} + \text{III}} \begin{pmatrix} 1 & 3 & -8 & | & 0 \\ 0 & 1 & k & | & 0 \\ 0 & 12+k & -32 & | & 0 \end{pmatrix}$$

$$\xrightarrow{(12+k) \cdot \text{II} - \text{III}} \begin{pmatrix} 1 & 3 & -8 & | & 0 \\ 0 & 1 & k & | & 0 \\ 0 & 0 & k \cdot (12+k) + 32 & | & 0 \end{pmatrix}$$

Das lineare Gleichungssystem besitzt genau dann nicht-triviale Lösungen, wenn gilt:

$k \cdot (12 + k) + 32 = 0$

$k^2 + 12k + 32 = 0$

$(k + 4) \cdot (k + 8) = 0$

$\qquad\qquad k_1 = -4; \ k_2 = -8$

Für $k = -4$ oder $k = -8$ sind die drei Vektoren linear abhängig.

2.6 Punkte und Vektoren im Koordinatensystem

In der Geometrie beschäftigt man sich mit Untersuchungen der
Lagebeziehungen von Figuren (Punktmengen). In der Analytischen Geometrie werden diese Untersuchungen rechnerisch mithilfe von Vektoren ausgeführt. Deshalb müssen geometrische
Figuren und Vektoren verknüpft werden. Das soll im Folgenden
geschehen.

Auf Seite 159 wurde ein Vektor $\vec{v}$ als ein Element aus einem
Vektorraum V mit den Gesetzen (A1) bis (A5) und (S1) bis (S4)
definiert. Ein Punkt ist hier ein Element aus einem Punktraum.

Die Verknüpfungen von Vektoren und Punkten liefert die folgende Definition, wobei die Veranschaulichung der Gesetze (P1) bis
(P3) im Anschauungsraum erfolgt.

Definition des Punktraums
V sei ein (reeller) Vektorraum. Eine nichtleere Menge P heißt
ein **(affiner) Punktraum** über V, wobei die Elemente aus P
Punkte heißen, wenn folgende Eigenschaften gelten:

(P1) Zu je zwei Punkten A, B $\in P$
gibt es genau einen Vektor
$\vec{v} \in V$ mit $\vec{v} = \overrightarrow{AB}$.

(P2) Zu jedem Punkt C $\in P$ und
jedem Vektor $\vec{u} \in V$ gibt es
einen Punkt D $\in P$ mit
$\overrightarrow{CD} = \vec{u}$.

(P3) Für alle Punkte E, F, G $\in P$
gilt: $\overrightarrow{EF} + \overrightarrow{FG} = \overrightarrow{EG}$

Anmerkungen:
- dim P = dim V
- $\overrightarrow{AB} = \vec{0} \iff A = B$
- $\overrightarrow{AB} = -\overrightarrow{BA}$

- $\overrightarrow{AB} = \overrightarrow{DC} \Rightarrow \overrightarrow{AD} = \overrightarrow{BC}$
  (Parallelogrammeigenschaft)

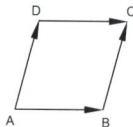

Bezeichnungen:
- Reeller eindimensionaler Punktraum: **Gerade**
- Reeller zweidimensionaler Punktraum: **Ebene**
- Reeller dreidimensionaler Punktraum: **Anschauungsraum**

Mithilfe von Vektorraum und Punktraum gelangt man nun zur Definition des Koordinatensystems.
Man wählt einen Punkt $O \in P$ fest und bezeichnet ihn als **Ursprung**. Dann gilt:
Zu jedem Punkt $X \in P$ gibt es genau einen Vektor $\vec{x} = \overrightarrow{OX}$. Zu jedem Vektor $\vec{y}$ gibt es genau einen Punkt $Y \in P$ mit $\overrightarrow{OY} = \vec{y}$.

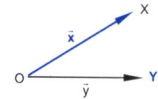

> **Definition des affinen Koordinatensystems**
> Trägt man im Ursprung O eine beliebige Basis des Vektorraums an, so erhält man ein **affines Koordinatensystem**.

Beispiel

Die Gerade OU_i bestimmt die i-te Koordinatenachse des affinen Koordinatensystems.
Hier müssen weder die Koordinatenachsen aufeinander senkrecht stehen noch die Einheiten auf den Achsen gleich groß sein.

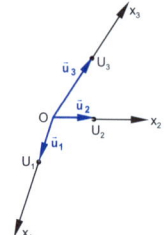

Besonders günstig erweist sich für die Vorstellung und für Zeichnungen ein kartesisches Koordinatensystem.

Definition des kartesischen Koordinatensystems
Wählt man als Basis des Vektorraums $\mathbb{R}^3$ drei Vektoren der
Länge 1, die paarweise aufeinander senkrecht stehen, dann
erhält man ein **kartesisches Koordinatensystem**.
Eine solche Basis heißt **Orthonormalbasis**.

Hat der Vektor $\vec{p} = \overrightarrow{OP}$ die Darstellung

$$\overrightarrow{OP} = p_1 \cdot \vec{e}_1 + p_2 \cdot \vec{e}_2 + p_3 \cdot \vec{e}_3,$$

dann heißen die Zahlen p_1, p_2, p_3
die **Koordinaten** des Punktes P.

Der Vektor $\vec{p} = \overrightarrow{OP}$ heißt **Ortsvektor** des Punktes P.

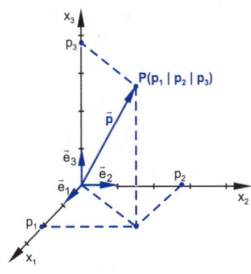

Es gibt eine eindeutige Zuordnung zwischen Vektor- und Punktkoordinaten, wobei unbedingt die Schreibweise zu beachten ist:

Vektor- und Punktkoordinaten

$$\vec{p} = \overrightarrow{OP} = \begin{pmatrix} p_1 \\ p_2 \\ p_3 \end{pmatrix} \quad \Leftrightarrow \quad P(p_1 \mid p_2 \mid p_3)$$

Durch zweimalige Anwendung des Satzes von Pythagoras kann
der Betrag oder die Länge des Vektors $\vec{p} = \overrightarrow{OP}$ berechnet werden.

Betrag eines Vektors

Der Betrag eines Vektors $\vec{p} = \begin{pmatrix} p_1 \\ p_2 \\ p_3 \end{pmatrix}$ berechnet sich zu

$$|\vec{p}| = \sqrt{p_1^2 + p_2^2 + p_3^2}.$$

Ein Vektor mit Betrag 1 heißt **Einheitsvektor**.

Für einen beliebigen Vektor $\overrightarrow{AB}$ gilt:

$\overrightarrow{OA} + \overrightarrow{AB} = \overrightarrow{OB}$

$\vec{a} + \overrightarrow{AB} = \vec{b} \;\Rightarrow\; \overrightarrow{AB} = \vec{b} - \vec{a}$

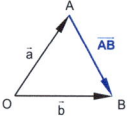

Beliebiger Vektor

$\overrightarrow{AB} = \vec{b} - \vec{a}$ „Ortsvektor des Endpunktes minus Ortsvektor des Anfangspunktes"

Beispiel

1. Bestimmen Sie den Vektor $\overrightarrow{AB}$ mit $A(3\,|\,1\,|\,2)$ und $B(2\,|\,1\,|\,4)$ und berechnen Sie seinen Betrag.

   Lösung:

   $$\overrightarrow{AB} = \vec{b} - \vec{a} = \begin{pmatrix} 2 \\ 1 \\ 4 \end{pmatrix} - \begin{pmatrix} 3 \\ 1 \\ 2 \end{pmatrix} = \begin{pmatrix} -1 \\ 0 \\ 2 \end{pmatrix}$$

   $$|\overrightarrow{AB}| = \sqrt{(-1)^2 + 0^2 + 2^2} = \sqrt{1+4} = \sqrt{5}$$

2. Bestimmen Sie zum Punkt $A(3\,|\,6\,|\,{-2})$ und dem Vektor $\overrightarrow{AB} = \begin{pmatrix} 4 \\ -1 \\ 6 \end{pmatrix}$ die Koordinaten des Endpunktes B.

   Lösung:

   $$\overrightarrow{AB} = \vec{b} - \vec{a} \;\Rightarrow\; \vec{b} = \vec{a} + \overrightarrow{AB} = \begin{pmatrix} 3 \\ 6 \\ -2 \end{pmatrix} + \begin{pmatrix} 4 \\ -1 \\ 6 \end{pmatrix} = \begin{pmatrix} 7 \\ 5 \\ 4 \end{pmatrix}$$
   $$\Rightarrow\; B(7\,|\,5\,|\,4)$$

   Anmerkung: Gerechnet wird immer mit Vektoren; Punkte werden aus den Ortsvektoren gefolgert.

3. Bestimmen Sie den Mittelpunkt M der Strecke [AB] mit $A(3\,|\,1\,|\,{-4})$ und $B(1\,|\,5\,|\,2)$.

   Lösung:

   $$\vec{m} = \tfrac{1}{2}(\vec{a} + \vec{b}) = \tfrac{1}{2}\left[\begin{pmatrix} 3 \\ 1 \\ -4 \end{pmatrix} + \begin{pmatrix} 1 \\ 5 \\ 2 \end{pmatrix}\right] = \tfrac{1}{2}\begin{pmatrix} 4 \\ 6 \\ -2 \end{pmatrix} = \begin{pmatrix} 2 \\ 3 \\ -1 \end{pmatrix}$$
   $$\Rightarrow\; M(2\,|\,3\,|\,{-1})$$

3 Produkte von Vektoren

Punkte, Geraden, Ebenen, Schnittpunkte und Parallelität sind Begriffe aus der affinen Geometrie, mit deren Hilfe Probleme, bei denen Längen von Strecken und Größen von Winkeln benötigt werden, nicht gelöst werden können. Das ist dann der Inhalt der euklidischen oder metrischen Geometrie. Auch bei ihrer Einführung wird als Grundlage wieder die Vektorrechnung verwendet, wobei zur Definition einer Metrik das Skalarprodukt zweier Vektoren benötigt wird.

Im affinen Raum sind keine Messungen von Länge und Winkel möglich. Erst wenn man eine Metrik (Maßsystem) einführt, kann man diesen Mangel beheben. Dazu benötigt man ein Produkt aus zwei Vektoren. Dafür sind zwei verschiedene Möglichkeiten denkbar: Das Ergebnis des Produkts ist eine Zahl aus $\mathbb{R}$ (skalar) oder das Ergebnis des Produkts ist ein Vektor aus V.

3.1 Das Skalarprodukt

Zuerst wird eine Verknüpfung zwischen zwei Vektoren aus der Physik betrachtet, deren Ergebnis eine reelle Zahl ist, z. B. gilt bei der Definition der Arbeit:

$$W = \vec{F} \circ \vec{s} = \left| \vec{F} \right| \cdot \left| \vec{s} \right| \cdot \cos \varphi$$

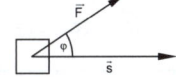

Die Eigenschaften, die bei der Verknüpfung von zwei Vektoren aus der Physik gelten, werden Grundlage der Definition eines Skalarprodukts.

Skalarprodukt

V sei ein reeller Vektorraum. Eine Vektorverknüpfung
$\circ: V \times V \to \mathbb{R}$, die jedem Vektorpaar $\vec{a}, \vec{b} \in V$ eindeutig eine
reelle Zahl $\vec{a} \circ \vec{b}$ zuordnet, heißt **Skalarprodukt**, wenn für alle
$\vec{a}, \vec{b}, \vec{c} \in V$ und $k \in \mathbb{R}$ gilt:

(S1) Kommutativgesetz: $\qquad\qquad \vec{a} \circ \vec{b} = \vec{b} \circ \vec{a}$

(S2) Distributivgesetz: $\qquad\qquad \vec{a} \circ (\vec{b} + \vec{c}) = \vec{a} \circ \vec{b} + \vec{a} \circ \vec{c}$

(S3) Gemischtes Assoziativgesetz: $(k \cdot \vec{a}) \circ \vec{b} = k \cdot (\vec{a} \circ \vec{b})$

(S4) Für jeden Vektor $\vec{a} \neq \vec{0}$ gilt: $\quad \vec{a} \circ \vec{a} = \vec{a}^2 > 0$

Anmerkungen:

- Zu einem Vektor $\vec{v}$ gibt es bezüglich der Verknüpfung $\circ$ kein inverses Element, d. h., man kann nicht durch einen Vektor dividieren.
- Bezüglich der Verknüpfung $\circ$ gibt es auch kein neutrales Element, da das Ergebnis der Verknüpfung eine Zahl und kein Vektor ist.
- Aus $\vec{a} = \vec{b}$ folgt: $\vec{a} \circ \vec{x} = \vec{b} \circ \vec{x}$, d. h., man darf eine Vektorgleichung skalar mit einem Vektor multiplizieren.
- Ein Skalarprodukt ist eindeutig bestimmt, wenn man die Skalarprodukte von je zwei Basisvektoren kennt.

Im kartesischen Koordinatensystem mit der Basis $\{\vec{e}_1; \vec{e}_2; \vec{e}_3\}$ legt man fest:

$\vec{e}_1^2 = \vec{e}_2^2 = \vec{e}_3^2 = 1,$

$\vec{e}_1 \circ \vec{e}_2 = \vec{e}_2 \circ \vec{e}_1 = \vec{e}_1 \circ \vec{e}_3 = \vec{e}_3 \circ \vec{e}_1 = \vec{e}_2 \circ \vec{e}_3 = \vec{e}_3 \circ \vec{e}_2 = 0$

Für das **Skalarprodukt** der Vektoren $\vec{a} = \begin{pmatrix} a_1 \\ a_2 \\ a_3 \end{pmatrix}$ und $\vec{b} = \begin{pmatrix} b_1 \\ b_2 \\ b_3 \end{pmatrix}$ gilt:

$$\vec{a} \circ \vec{b} = \begin{pmatrix} a_1 \\ a_2 \\ a_3 \end{pmatrix} \circ \begin{pmatrix} b_1 \\ b_2 \\ b_3 \end{pmatrix} = a_1 \cdot b_1 + a_2 \cdot b_2 + a_3 \cdot b_3$$

Beispiel $\qquad \vec{a} \circ \vec{b} = \begin{pmatrix} 2 \\ 1 \\ -3 \end{pmatrix} \circ \begin{pmatrix} 4 \\ 1 \\ 2 \end{pmatrix} = 8 + 1 - 6 = 3$

3.2 Berechnung von Längen und Winkeln

Mithilfe des Skalarprodukts kann der Betrag eines Vektors und der Winkel zwischen zwei Vektoren bestimmt werden. Mit dem Ergebnis von Seite 169 erhält man:

Betrag eines Vektors
Für den **Betrag** (bzw. die Länge) eines Vektors gilt:
$$|\vec{a}| = \sqrt{\vec{a}^2} = \sqrt{\vec{a} \circ \vec{a}} = \sqrt{a_1^2 + a_2^2 + a_3^2}$$

Anmerkung: Zu jedem Vektor $\vec{a} \neq \vec{0}$ gibt es den Einheitsvektor $\vec{a}^0 = \frac{1}{|\vec{a}|} \cdot \vec{a}$.

Bestimmen Sie die Länge des Vektors $\vec{a} = \begin{pmatrix} -2 \\ 1 \\ 2 \end{pmatrix}$ sowie den Einheitsvektor $\vec{a}^0$.

Beispiel

Lösung:
$$|\vec{a}| = \sqrt{\vec{a} \circ \vec{a}} = \sqrt{4+1+4} = \sqrt{9} = 3, \quad \vec{a}^0 = \frac{1}{3} \begin{pmatrix} -2 \\ 1 \\ 2 \end{pmatrix}$$

Die Definition des Winkels entspricht dem folgenden Beispiel aus der Physik:
Für die Arbeit W gilt dort:
$$W = \vec{F} \circ \vec{s} = |\vec{F}| \cdot |\vec{s}| \cdot \cos\varphi \quad \text{mit} \quad \varphi = \sphericalangle(\vec{F}, \vec{s})$$
$$\Rightarrow \quad \cos\varphi = \frac{\vec{F} \circ \vec{s}}{|\vec{F}| \cdot |\vec{s}|}$$

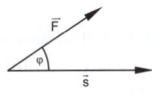

Diese Definition des Winkels überträgt man auf beliebige Vektoren:

Winkel zwischen zwei Vektoren
Aus $\vec{a} \circ \vec{b} = |\vec{a}| \cdot |\vec{b}| \cdot \cos\varphi$ folgt
$$\cos\varphi = \frac{\vec{a} \circ \vec{b}}{|\vec{a}| \cdot |\vec{b}|}, \quad \varphi = \sphericalangle(\vec{a}, \vec{b}) \quad \text{und} \quad 0° \leq \varphi \leq 180°.$$

Beispiel Bestimmen Sie den Winkel zwischen den Vektoren

$$\vec{a} = \begin{pmatrix} 2 \\ 1 \\ 2 \end{pmatrix} \text{ und } \vec{b} = \begin{pmatrix} 2 \\ 2 \\ -1 \end{pmatrix}.$$

Lösung:

$$\vec{a} \circ \vec{b} = 4 + 2 - 2 = 4; \; |\vec{a}| = \sqrt{4 + 1 + 4} = 3; \; |\vec{b}| = \sqrt{4 + 4 + 1} = 3$$

$$\Rightarrow \; \cos \varphi = \frac{4}{3 \cdot 3} = \frac{4}{9} \; \Rightarrow \; \varphi \approx 63{,}61°$$

Für den Sonderfall $\varphi = 90°$ stehen die Vektoren $\vec{a}$ und $\vec{b}$ aufeinander senkrecht.

Senkrechte Vektoren
Die beiden Vektoren $\vec{a}$ und $\vec{b}$ sind genau dann **senkrecht (orthogonal)**, **($\vec{a} \perp \vec{b}$)**, wenn ihr Skalarprodukt gleich null ist, d. h.: $\vec{a} \perp \vec{b} \; \Leftrightarrow \; \vec{a} \circ \vec{b} = 0$

Beispiel Zeigen Sie, dass die Vektoren $\vec{a} = \begin{pmatrix} 2 \\ 4 \\ -2 \end{pmatrix}$ und $\vec{b} = \begin{pmatrix} 4 \\ -1 \\ 2 \end{pmatrix}$ aufeinander senkrecht stehen:

Lösung:
$$\vec{a} \circ \vec{b} = 8 - 4 - 4 = 0 \; \Rightarrow \; \vec{a} \perp \vec{b}$$

Den **Abstand zweier Punkte**, d. h. die **Länge der Strecke [AB]**, erhält man als Länge des Vektors $\overrightarrow{AB}$:
Es gilt:
$$\overrightarrow{AB} = \vec{b} - \vec{a}$$

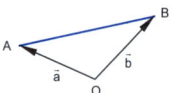

Länge einer Strecke
$$|\overrightarrow{AB}| = \sqrt{(\vec{b} - \vec{a})^2}$$

Bestimmen Sie die Länge der Strecke [AB] mit A(1|−4|5) und
B(8|0|1).

Lösung:
$$\overrightarrow{AB} = \vec{b} - \vec{a} = \begin{pmatrix} 7 \\ 4 \\ -4 \end{pmatrix} \Rightarrow |\overrightarrow{AB}| = \sqrt{49 + 16 + 16} = \sqrt{81} = 9$$

Zwei sich schneidende Geraden g und h
bestimmen zwei Winkel. Üblicherweise
beschränkt man sich auf den spitzen
Winkel.

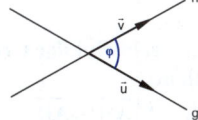

g: $\vec{x} = \vec{a} + \lambda \cdot \vec{u}$
h: $\vec{x} = \vec{b} + \mu \cdot \vec{v}$

Winkel zwischen zwei Geraden
Unter dem **Winkel zwischen zwei Geraden g und h** versteht
man den **spitzen** Winkel φ, den die Richtungsvektoren ū und
v̄ einschließen. Es gilt:

$$\cos \varphi = \left| \frac{\vec{u} \circ \vec{v}}{|\vec{u}| \cdot |\vec{v}|} \right|$$

Bestimmen Sie den Winkel φ zwischen den Geraden

g: $\vec{x} = \begin{pmatrix} 2 \\ 1 \\ 3 \end{pmatrix} + \lambda \cdot \begin{pmatrix} 1 \\ 0 \\ 1 \end{pmatrix}$ und h: $\vec{x} = \begin{pmatrix} 5 \\ 0 \\ 4 \end{pmatrix} + \mu \cdot \begin{pmatrix} -2 \\ 1 \\ 0 \end{pmatrix}$.

Lösung:
$$\vec{u} \circ \vec{v} = \begin{pmatrix} 1 \\ 0 \\ 1 \end{pmatrix} \circ \begin{pmatrix} -2 \\ 1 \\ 0 \end{pmatrix} = -2;$$

$$|\vec{u}| = \sqrt{1 + 0 + 1} = \sqrt{2}; \quad |\vec{v}| = \sqrt{4 + 1 + 0} = \sqrt{5}$$

$$\Rightarrow \cos \varphi = \left| \frac{-2}{\sqrt{2} \cdot \sqrt{5}} \right| \Rightarrow \varphi \approx 50,77°$$

Auch Berechnungen an elementargeometrischen Figuren sind nun möglich.

Gleichschenklig rechtwinkliges Dreieck und Quadrat

Das Dreieck ABD ist

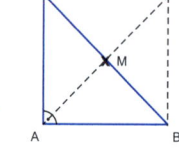

- rechtwinklig bei A, wenn $\overrightarrow{AB} \circ \overrightarrow{AD} = 0$ gilt,
- gleichschenklig bei A, wenn $\left|\overrightarrow{AB}\right| = \left|\overrightarrow{AD}\right|$ gilt.

Das **rechtwinklige Dreieck** hat den **Flächeninhalt**:

$$A_\Delta = \frac{1}{2}\left|\overrightarrow{AB}\right| \cdot \left|\overrightarrow{AD}\right|$$

Das rechtwinklige Dreieck ABD kann durch einen Punkt C zum Quadrat ergänzt werden. Für C gilt, wenn $\vec{b}, \vec{c}, \vec{d}$ die Ortsvektoren der Punkte B, C, D sind:

$$\vec{c} = \vec{b} + \overrightarrow{AD} = \vec{d} + \overrightarrow{AB}$$

Für die **Fläche des Quadrats** gilt:

$$A_Q = \left|\overrightarrow{AB}\right|^2$$

Beispiel

Zeigen Sie, dass das Dreieck ABD mit A(1 | 2 | –1); B(5 | –2 | 1); D(3 | 6 | 3) bei A rechtwinklig und gleichschenklig ist. Ergänzen Sie es dann durch den Punkt C zu einem Quadrat und berechnen Sie dessen Flächeninhalt.

Lösung:

$$\overrightarrow{AB} = \begin{pmatrix} 4 \\ -4 \\ 2 \end{pmatrix}, \quad \overrightarrow{AD} = \begin{pmatrix} 2 \\ 4 \\ 4 \end{pmatrix}; \quad \overrightarrow{AB} \circ \overrightarrow{AD} = \begin{pmatrix} 4 \\ -4 \\ 2 \end{pmatrix} \circ \begin{pmatrix} 2 \\ 4 \\ 4 \end{pmatrix} = 8 - 16 + 8 = 0$$

$\Rightarrow$ Dreieck ABD bei A rechtwinklig

$$\left|\overrightarrow{AB}\right| = \sqrt{16 + 16 + 4} = 6, \quad \left|\overrightarrow{AD}\right| = \sqrt{4 + 16 + 16} = 6$$

$\Rightarrow$ Dreieck ABD bei A gleichschenklig

$$\vec{c} = \vec{b} + \overrightarrow{AD} = \begin{pmatrix} 5 \\ -2 \\ 1 \end{pmatrix} + \begin{pmatrix} 2 \\ 4 \\ 4 \end{pmatrix} = \begin{pmatrix} 7 \\ 2 \\ 5 \end{pmatrix}$$

$\Rightarrow$ C(7 | 2 | 5) ergänzt das Dreieck ABD zum Quadrat ABCD.

Es gilt:

$$A_{\Delta ABD} = \frac{1}{2}\left|\overrightarrow{AB}\right| \cdot \left|\overrightarrow{AD}\right| = \frac{1}{2} \cdot 6 \cdot 6 = 18, \text{ d. h. } A_Q = 36$$

Rechtwinkliges Dreieck und Rechteck

Das Dreieck ABD ist rechtwinklig, aber nicht gleichschenklig, d. h., es gilt:

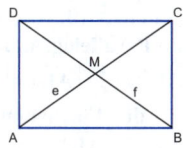

$$\overrightarrow{AB} \circ \overrightarrow{AD} = 0 \text{ und } \left|\overrightarrow{AB}\right| \neq \left|\overrightarrow{AD}\right|$$

Das Dreieck ABD kann zu einem Rechteck ABCD ergänzt werden.
Für den Punkt C gilt: $\vec{c} = \vec{b} + \overrightarrow{AD} = \vec{d} + \overrightarrow{AB}$, wenn $\vec{b}, \vec{c}, \vec{d}$ die Ortsvektoren der Punkte B, C, D sind.

Das **rechtwinklige Dreieck ABD** hat den **Flächeninhalt**

$$A_\Delta = \tfrac{1}{2}\left|\overrightarrow{AB}\right| \cdot \left|\overrightarrow{AD}\right|,$$

das Rechteck den Flächeninhalt

$$A_R = \left|\overrightarrow{AB}\right| \cdot \left|\overrightarrow{AD}\right|.$$

Gleichschenkliges Dreieck und Raute

Das Dreieck ABD ist gleichschenklig, aber nicht rechtwinklig, d. h.:

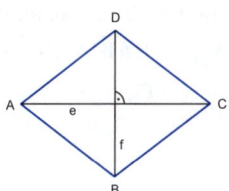

$$\left|\overrightarrow{AB}\right| = \left|\overrightarrow{AD}\right| \text{ und } \overrightarrow{AB} \circ \overrightarrow{AD} \neq 0$$

Das Dreieck ABD kann zu einer Raute ABCD ergänzt werden.
Für den Punkt C gilt:
$\vec{c} = \vec{b} + \overrightarrow{AD} = \vec{d} + \overrightarrow{AB}$, wenn $\vec{b}, \vec{c}, \vec{d}$ die Ortsvektoren der Punkte B, C, D sind.
Die Diagonalen e = [AC] und f = [BD] halbieren einander rechtwinklig, d. h. für die **Fläche der Raute** gilt:

$$A_{\text{Raute}} = \tfrac{1}{2} \cdot e \cdot f = \tfrac{1}{2} \cdot \left|\overrightarrow{AC}\right| \cdot \left|\overrightarrow{BD}\right|$$

Beliebiges Dreieck und Parallelogramm

Das Dreieck ABD ist weder rechtwinklig noch gleichschenklig, d. h., es gilt:

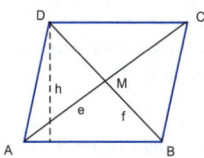

$$\overrightarrow{AB} \circ \overrightarrow{AD} \neq 0 \text{ und } \left|\overrightarrow{AB}\right| \neq \left|\overrightarrow{AD}\right|$$

Das Dreieck ABD kann zu einem Parallelogramm ABCD ergänzt werden. Für den Punkt C gilt:
$\vec{c} = \vec{b} + \overrightarrow{AD} = \vec{d} + \overrightarrow{AB}$, wenn $\vec{b}, \vec{c}, \vec{d}$ die Ortsvektoren der Punkte B, C, D sind.

Entsprechend kann man das Dreieck ABD zu einem Parallelogramm AEBD ergänzen.

Im **Parallelogramm** gilt:

$\overrightarrow{AB} \parallel \overrightarrow{DC}$, $|\overrightarrow{AB}| = |\overrightarrow{DC}|$ und $|\overrightarrow{AD}| = |\overrightarrow{BC}|$

Für **den Flächeninhalt des Parallelogramms** gilt:

$A_{Par} = |\overrightarrow{AB}| \cdot h$, wobei h der Abstand des Punktes D von der Geraden AB ist (siehe Bestimmung des Abstands eines Punktes von einer Geraden auf Seite 210 f.).

Trapez

Nur das gleichschenklige Trapez (siehe Skizze) hat eine Symmetrieachse.

Für alle **Trapeze** gilt $\overrightarrow{AB} \parallel \overrightarrow{DC}$ und $|\overrightarrow{AB}| \neq |\overrightarrow{DC}|$, falls es sich nicht um ein Rechteck handelt.

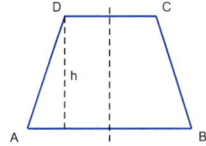

Für den **Flächeninhalt des Trapezes** gilt:

$A_{Tr} = \frac{1}{2}(|\overrightarrow{AB}| + |\overrightarrow{DC}|) \cdot h$, wobei h der Abstand des Punktes D

von der Geraden AB ist (siehe Bestimmung des Abstands eines Punktes von einer Geraden auf Seite 210 f.).

3.3 Das Vektorprodukt

Ein wesentliches Bestimmungsstück für Lage und Abstände in der euklidischen Geometrie ist die Lotrichtung zu einer Geraden bzw. zu einer Ebene. Eine bevorzugte Möglichkeit zur Bestimmung der Lotrichtung liefert das Vektorprodukt. Es erlaubt aber noch weitere Anwendungen.

Zunächst wird die Lotrichtung mithilfe des Skalarprodukts bestimmt.

Im $\mathbb{R}^2$:

Gesucht ist ein **Lotvektor** bzw. **Normalenvektor** („normal" veraltet für „senkrecht") $\vec{n} = \begin{pmatrix} n_1 \\ n_2 \end{pmatrix}$ zu einem Vektor $\vec{a} = \begin{pmatrix} a_1 \\ a_2 \end{pmatrix}$.

Wegen $\vec{a} \circ \vec{n} = 0$ gilt: $\quad \vec{n} = \begin{pmatrix} -a_2 \\ a_1 \end{pmatrix}$ oder $\vec{n} = \begin{pmatrix} a_2 \\ -a_1 \end{pmatrix}$ bzw.

$$\vec{n} = k \cdot \begin{pmatrix} -a_2 \\ a_1 \end{pmatrix} \text{ oder } \vec{n} = k \cdot \begin{pmatrix} a_2 \\ -a_1 \end{pmatrix}.$$

Die Lotvektoren zum Vektor $\vec{a} = \begin{pmatrix} 1 \\ 2 \end{pmatrix}$ sind z. B. $\vec{n} = \begin{pmatrix} -2 \\ 1 \end{pmatrix}$ bzw. **Beispiel**

$\vec{n} = \begin{pmatrix} 2 \\ -1 \end{pmatrix}$ bzw. $\vec{n} = \begin{pmatrix} 8 \\ -4 \end{pmatrix}$ usw.

Im $\mathbb{R}^3$:
Zu jedem Vektor $\vec{a}$ gibt es unendlich viele
Lotrichtungen, dagegen ist die Lotrichtung
zu zwei Vektoren eindeutig bestimmt.
Es muss gelten:
$\vec{a} \circ \vec{n} = 0 \;\wedge\; \vec{b} \circ \vec{n} = 0$

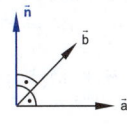

Bestimmen Sie die Lotrichtung zu den Vektoren **Beispiel**

$\vec{a} = \begin{pmatrix} 1 \\ 2 \\ 2 \end{pmatrix}$ und $\vec{b} = \begin{pmatrix} 2 \\ 1 \\ 2 \end{pmatrix}$.

Lösung:
$\vec{a} \circ \vec{n} = 0$: (1) $\quad n_1 + 2n_2 + 2n_3 = 0$
$\vec{b} \circ \vec{n} = 0$: (2) $\quad 2n_1 + n_2 + 2n_3 = 0$

> Eine Variable ist frei wählbar, z. B. $n_1 = 2$
> (1) $\quad 2n_2 + 2n_3 = -2$
> (2) $\quad n_2 + 2n_3 = -4$
> $\overline{}$
> (1) − (2): $\quad n_2 = 2$
> in (2): $\quad 2n_3 = -4 - 2 \;\Rightarrow\; n_3 = -3$

$\Rightarrow \;\; \vec{n} = \begin{pmatrix} 2 \\ 2 \\ -3 \end{pmatrix}$ ist die Lotrichtung zu den Vektoren $\vec{a}$ und $\vec{b}$, d. h.,

jeder Vektor $k \cdot \vec{n} = k \cdot \begin{pmatrix} 2 \\ 2 \\ -3 \end{pmatrix}$ ist Lotvektor zu den Vektoren $\vec{a}$
und $\vec{b}$.

Eine weitere Möglichkeit zur Bestimmung der Lotrichtung ergibt sich mithilfe des Vektorprodukts. Dieses Produkt ordnet je zwei Vektoren aus V einen Vektor aus V nach der folgenden Vorschrift zu:

Vektorprodukt

Unter dem **Vektorprodukt (Kreuzprodukt) $\vec{a} \times \vec{b}$** zweier Vektoren $\vec{a}$ und $\vec{b}$ versteht man denjenigen Vektor $\vec{n} = \vec{a} \times \vec{b}$, der auf $\vec{a}$ und auf $\vec{b}$ senkrecht steht (in dieser Reihenfolge) und dessen Betrag $|\vec{a} \times \vec{b}|$ mit der Maßzahl des Flächeninhalts des Parallelogramms übereinstimmt, das von den Vektoren $\vec{a}$ und $\vec{b}$ aufgespannt wird. Es gilt:

$$\vec{a} \times \vec{b} = \begin{pmatrix} a_1 \\ a_2 \\ a_3 \end{pmatrix} \times \begin{pmatrix} b_1 \\ b_2 \\ b_3 \end{pmatrix} = \begin{pmatrix} a_2 b_3 - a_3 b_2 \\ a_3 b_1 - a_1 b_3 \\ a_1 b_2 - a_2 b_1 \end{pmatrix}$$

Anmerkungen:
- Wegen $A = |\vec{a}| \cdot |\vec{h}| = |\vec{a}| \cdot |\vec{b}| \cdot \sin \varphi$ gilt:
  $|\vec{a} \times \vec{b}| = |\vec{a}| \cdot |\vec{b}| \cdot \sin \varphi \ \wedge \ \varphi = \sphericalangle(\vec{a}; \vec{b})$

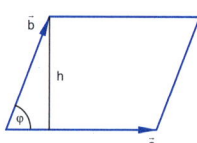

- Es gilt ferner:
  $\vec{a} \times \vec{b} = -(\vec{b} \times \vec{a})$
  $\vec{a} \times \vec{b} = \vec{0} \ \Leftrightarrow \ \vec{a}, \vec{b}$ linear abhängig

Beispiel

Mit den Vektoren $\vec{a}$ und $\vec{b}$ aus dem vorigen Beispiel gilt:

$$\vec{a} \times \vec{b} = \begin{pmatrix} 1 \\ 2 \\ 2 \end{pmatrix} \times \begin{pmatrix} 2 \\ 1 \\ 2 \end{pmatrix} = \begin{pmatrix} 4-2 \\ 4-2 \\ 1-4 \end{pmatrix} = \begin{pmatrix} 2 \\ 2 \\ -3 \end{pmatrix}; \ |\vec{a} \times \vec{b}| = \sqrt{4+4+9} = \sqrt{17}$$

Kontrolle:

$$\begin{pmatrix} 2 \\ 2 \\ -3 \end{pmatrix} \circ \begin{pmatrix} 1 \\ 2 \\ 2 \end{pmatrix} = 2 + 4 - 6 = 0 \ \wedge \ \begin{pmatrix} 2 \\ 2 \\ -3 \end{pmatrix} \circ \begin{pmatrix} 2 \\ 1 \\ 2 \end{pmatrix} = 4 + 2 - 6 = 0$$

3.4 Berechnung von Flächeninhalten und Volumina

Aus der Definition des Vektorprodukts ist bekannt, dass der Betrag von $\vec{a} \times \vec{b}$ mit dem Flächeninhalt des von $\vec{a}$ und $\vec{b}$ aufgespannten Parallelogramms übereinstimmt.

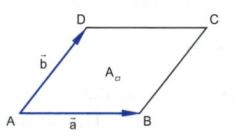

Parallelogrammfläche
$$A_{\square} = \left| \vec{a} \times \vec{b} \right|$$

Beispiel

$A(3\,|\,1\,|\,4)$, $B(5\,|\,5\,|\,0)$, $D(1\,|\,-1\,|\,3)$; $\vec{a} = \overrightarrow{AB} = \begin{pmatrix} 2 \\ 4 \\ -4 \end{pmatrix}$; $\vec{b} = \overrightarrow{AD} = \begin{pmatrix} -2 \\ -2 \\ -1 \end{pmatrix}$

$A = \left| \vec{a} \times \vec{b} \right| = \left| \begin{pmatrix} 2 \\ 4 \\ -4 \end{pmatrix} \times \begin{pmatrix} -2 \\ -2 \\ -1 \end{pmatrix} \right| = \left| \begin{pmatrix} -4-8 \\ 8+2 \\ -4+8 \end{pmatrix} \right| = \left| \begin{pmatrix} -12 \\ 10 \\ 4 \end{pmatrix} \right|$

$ = \sqrt{144 + 100 + 16} = \sqrt{260} \approx 16{,}12 \text{ FE}$

Die Dreiecksfläche wird als halbe Parallelogrammfläche bestimmt:

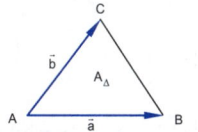

Dreiecksfläche
$$A_{\triangle} = \frac{1}{2} \left| \vec{a} \times \vec{b} \right|$$

Eine Vielecksfläche ergibt sich als Summe von Dreiecksflächen:

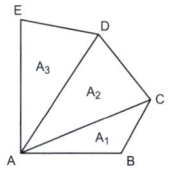

Vielecksfläche

$$A = A_1 + A_2 + A_3$$
$$= \frac{1}{2}\left|\overrightarrow{AB} \times \overrightarrow{AC}\right| + \frac{1}{2}\left|\overrightarrow{AC} \times \overrightarrow{AD}\right|$$
$$+ \frac{1}{2}\left|\overrightarrow{AD} \times \overrightarrow{AE}\right|$$

Das Volumen eines Spats wird als Produkt aus Grundfläche und Höhe bestimmt. Die Grundfläche ist $\left|\vec{a} \times \vec{b}\right|$, die Höhe ergibt sich als Projektion des Vektors $\vec{c}$ auf $\vec{n} = \vec{a} \times \vec{b}$ (siehe Seite 208). Damit ergibt sich das Spatprodukt:

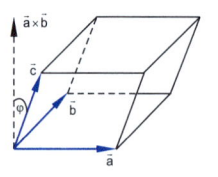

Volumen eines Spats

$$V = \left|(\vec{a} \times \vec{b}) \circ \vec{c}\right|$$

Entsprechend gilt auch

$$V = \left|\vec{a} \circ (\vec{b} \times \vec{c})\right|$$

Das Produkt $(\vec{a} \times \vec{b}) \circ \vec{c}$ heißt auch **Spatprodukt**.

Beispiel

$$\vec{a} = \begin{pmatrix} 2 \\ 1 \\ 3 \end{pmatrix}, \vec{b} = \begin{pmatrix} 6 \\ 0 \\ -2 \end{pmatrix}, \vec{c} = \begin{pmatrix} 1 \\ 1 \\ 1 \end{pmatrix}$$

$$V = \left|\vec{a} \circ (\vec{b} \times \vec{c})\right| = \left|\begin{pmatrix} 2 \\ 1 \\ 3 \end{pmatrix} \circ \left(\begin{pmatrix} 6 \\ 0 \\ -2 \end{pmatrix} \times \begin{pmatrix} 1 \\ 1 \\ 1 \end{pmatrix}\right)\right| = \left|\begin{pmatrix} 2 \\ 1 \\ 3 \end{pmatrix} \circ \begin{pmatrix} 0 - (-2) \\ -2 - 6 \\ 6 - 0 \end{pmatrix}\right|$$

$$= \left|\begin{pmatrix} 2 \\ 1 \\ 3 \end{pmatrix} \circ \begin{pmatrix} 2 \\ -8 \\ 6 \end{pmatrix}\right| = |4 - 8 + 18| = |14| = 14 \text{ VE}$$

Mit der Volumenformel $V = \frac{1}{3}G \cdot h$ für die Pyramide ergibt sich das Volumen einer Pyramide mit einem Parallelogramm bzw. einem Dreieck als Grundfläche:

Volumen einer Pyramide mit Parallelogramm als Grundfläche

$$V = \frac{1}{3}V_{Spat} = \frac{1}{3}\left|(\vec{a}\times\vec{b})\circ\vec{c}\right|$$

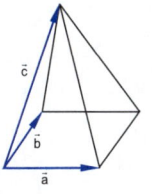

Die dreiseitige Pyramide hat das halbe Volumen der Pyramide mit dem Parallelogramm als Grundfläche. Man erhält:

Volumen einer Pyramide mit Dreieck als Grundfläche

$$V = \frac{1}{3}\cdot\frac{1}{2}\left|(\vec{a}\times\vec{b})\circ\vec{c}\right| = \frac{1}{6}\left|(\vec{a}\times\vec{b})\circ\vec{c}\right|$$

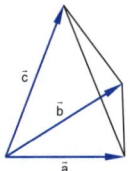

Anmerkung: Falls die Pyramide ein n-Eck als Grundfläche besitzt, kann man die Pyramide in dreiseitige Pyramiden zerlegen.

4 Geraden und Ebenen im $\mathbb{R}^3$

Die wichtigsten Elemente der Analytischen Geometrie im dreidimensionalen Raum $\mathbb{R}^3$, die auf lineare Gleichungen führen,
sind Geraden und Ebenen.
Im Folgenden wird beschrieben, wie man Gleichungen von Geraden und Ebenen aufstellt und deren Lagebeziehungen untersucht.

4.1 Geradengleichungen

Punkt-Richtungs-Gleichung
Eine Gerade durch den Ursprung wird von einem Vektor aufgespannt. Wird dieser **Richtungsvektor** $\vec{u}$ an einem Punkt A im
Raum, dem **Aufpunkt** A mit **Ortsvektor** $\vec{a}$, angetragen, so erhält
man für einen beliebigen Punkt X auf dieser Geraden g durch A:
$\vec{x} = \overrightarrow{OX} = \overrightarrow{OA} + \overrightarrow{AX} = \vec{a} + \lambda \cdot \vec{u}$

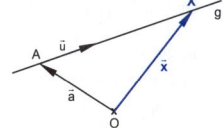

> **Punkt-Richtungs-Gleichung**
> g: $\vec{x} = \vec{a} + \lambda \cdot \vec{u}; \lambda \in \mathbb{R}$

Für jeden Wert $\lambda \in \mathbb{R}$ erhält man einen Punkt $X \in g$ und umgekehrt.

Anmerkungen:
- Eine Gerade ist durch einen Punkt und eine Richtung eindeutig
  bestimmt. Da die Geradengleichung den Parameter λ enthält,
  nennt man diese auch **Geradengleichung in Parameterform**.
- Es ergeben sich folgende Koordinatengleichungen:
  Im $\mathbb{R}^3$: $x_1 = a_1 + \lambda u_1$; $x_2 = a_2 + \lambda u_2$; $x_3 = a_3 + \lambda u_3$
  Im $\mathbb{R}^2$: $x_1 = a_1 + \lambda u_1$; $x_2 = a_2 + \lambda u_2$

  Nur im $\mathbb{R}^2$ kann der Parameter eliminiert und so eine Koordinatengleichung hergestellt werden.

- Eine Gerade h, die durch einen Punkt P parallel zur Geraden g verläuft, hat eine Gleichung der Form h: $\vec{x} = \vec{p} + \mu \cdot \vec{u}$; $\mu \in \mathbb{R}$

Beispiel

1. Die Gerade g durch den Punkt A(1|2|3) hat die Richtung $\vec{u} = \begin{pmatrix} 1 \\ -2 \\ 3 \end{pmatrix}$. Überprüfen Sie, ob der Punkt C(3|−2|9) auf g liegt.

   Lösung:

   g: $\vec{x} = \begin{pmatrix} 1 \\ 2 \\ 3 \end{pmatrix} + \lambda \cdot \begin{pmatrix} 1 \\ -2 \\ 3 \end{pmatrix}$; $\lambda \in \mathbb{R}$

   Wenn der Punkt C auf der Geraden g liegt, muss sich ein eindeutiger Wert für den Parameter λ bestimmen lassen:

   C in g: $\left.\begin{array}{l} 3 = 1 + \lambda \quad \Rightarrow \quad \lambda = 2 \\ -2 = 2 - 2\lambda \quad \Rightarrow \quad \lambda = 2 \\ 9 = 3 + 3\lambda \quad \Rightarrow \quad \lambda = 2 \end{array}\right\} \quad \Rightarrow \quad C \in g$

2. Stellen Sie für die Gerade $g \subset \mathbb{R}^2$ eine Koordinatengleichung her:
   g: $\vec{x} = \begin{pmatrix} 1 \\ -4 \end{pmatrix} + \lambda \cdot \begin{pmatrix} 1 \\ 1 \end{pmatrix}$; $\lambda \in \mathbb{R}$

   Lösung:
   (1) $x_1 = 1 + \lambda$ aus (1): $\lambda = x_1 - 1$
   (2) $x_2 = -4 + \lambda$ in (2): $x_2 = -4 + x_1 - 1$
   $\Rightarrow$ g: $x_1 - x_2 - 5 = 0$
   Schreibt man wie in der Analysis $x_1 = x$ und $x_2 = y$, so erhält man die bekannte Form $y = m\,x + t$ der Geradengleichung:
   $x_2 = x_1 - 5 \quad \Rightarrow \quad y = x - 5$

Zwei-Punkte-Gleichung

Eine Gerade ist durch zwei Punkte eindeutig bestimmt.
Man benötigt einen Punkt und eine Richtung. Es bieten sich an: Aufpunkt A und
Richtungsvektor $\vec{u} = \overrightarrow{AB} = \vec{b} - \vec{a}$.

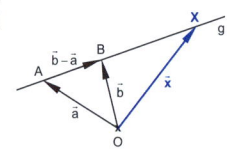

> **Zwei-Punkte-Gleichung**
> g: $\vec{x} = \vec{a} + \lambda \cdot (\vec{b} - \vec{a})$; $\lambda \in \mathbb{R}$

Anmerkung: Jeder Geradenpunkt ist als möglicher Aufpunkt wählbar. Ebenso kann jedes Vielfache des Vektors $\vec{b} - \vec{a}$ als Richtungsvektor gewählt werden. Somit ist eine Geradengleichung in Parameterform nicht eindeutig, d. h., eine Gerade kann durch unterschiedliche Geradengleichungen in Parameterform beschrieben werden.

Überprüfen Sie, ob die Punkte A(4|5|6), B(6|6|9) und C(2|2|3) auf einer Geraden liegen.

Beispiel

Lösung:
Gerade g = AB: $\vec{x} = \vec{a} + \lambda \cdot (\vec{b} - \vec{a}) = \begin{pmatrix} 4 \\ 5 \\ 6 \end{pmatrix} + \lambda \cdot \begin{pmatrix} 2 \\ 1 \\ 3 \end{pmatrix}$

C in g: $\left. \begin{array}{l} 2 = 4 + 2\lambda \;\Rightarrow\; \lambda = -1 \\ 2 = 5 + \lambda \;\Rightarrow\; \lambda = -3 \\ 3 = 6 + 3\lambda \;\Rightarrow\; \lambda = -1 \end{array} \right\} \;\Rightarrow\; C \notin g$

Die drei Punkte liegen nicht auf einer Geraden, d. h., sie bestimmen ein Dreieck.

Besondere Lagen von Geraden

g: $\vec{x} = \begin{pmatrix} 1 \\ 3 \\ 2 \end{pmatrix} + \lambda \cdot \begin{pmatrix} 0 \\ 0 \\ 1 \end{pmatrix}$ ist parallel zur x_3-Achse.

h: $\vec{x} = \begin{pmatrix} 4 \\ 0 \\ 0 \end{pmatrix} + \mu \cdot \begin{pmatrix} 1 \\ 0 \\ 0 \end{pmatrix}$ ist eine mögliche Gleichung für die x_1-Achse. Die x_1-Achse wird auch durch

$$\text{h': } \vec{x} = \lambda \cdot \begin{pmatrix} 1 \\ 0 \\ 0 \end{pmatrix}$$

beschrieben.

k: $\vec{x} = \begin{pmatrix} 1 \\ 3 \\ 2 \end{pmatrix} + \sigma \cdot \begin{pmatrix} 2 \\ 0 \\ 1 \end{pmatrix}$ ist parallel zur x_1-x_3-Koordinatenebene, weil $x_2 = 3$ gilt.

ℓ: $\vec{x} = \begin{pmatrix} 1 \\ 0 \\ 2 \end{pmatrix} + \delta \cdot \begin{pmatrix} 2 \\ 0 \\ 1 \end{pmatrix}$ liegt in der x_1-x_3-Koordinatenebene, weil $x_2 = 0$ gilt.

4.2   Ebenengleichung in Parameterform

Eine Ebene durch den Ursprung wird von zwei linear unabhängigen (also nicht parallelen) Vektoren $\vec{u}$ und $\vec{v}$ aufgespannt. Werden diese **Richtungsvektoren** $\vec{u}$ und $\vec{v}$ an einem Punkt A im Raum, dem **Aufpunkt** A mit **Ortsvektor** $\vec{a}$, angetragen, so erhält man für einen beliebigen Punkt X auf dieser Ebene E durch A:

$$\vec{x} = \overrightarrow{OX} = \overrightarrow{OA} + \overrightarrow{AX} = \vec{a} + \lambda \cdot \vec{u} + \mu \cdot \vec{v}$$

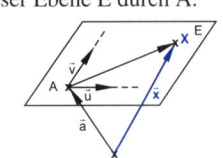

> **Punkt-Richtungs-Gleichung**
> E: $\vec{x} = \vec{a} + \lambda \cdot \vec{u} + \mu \cdot \vec{v}$; $\lambda, \mu \in \mathbb{R}$

Anmerkungen:
- Eine Ebene ist durch einen Punkt und zwei linear unabhängige Richtungen bestimmt. Da die Ebenengleichung zwei Parameter λ, μ enthält, nennt man diese auch **Ebenengleichung in Parameterform**.

- In der Koordinatenschreibweise ergibt sich für die Ebene E:
$$x_1 = a_1 + \lambda u_1 + \mu v_1;$$
$$x_2 = a_2 + \lambda u_2 + \mu v_2;$$
$$x_3 = a_3 + \lambda u_3 + \mu v_3$$

Beispiel   Liegt der Punkt D$(0\,|\,4\,|\,0)$ in der Ebene

E: $\vec{x} = \begin{pmatrix} 1 \\ 2 \\ 3 \end{pmatrix} + \lambda \cdot \begin{pmatrix} 1 \\ 1 \\ 0 \end{pmatrix} + \mu \cdot \begin{pmatrix} 2 \\ -1 \\ 3 \end{pmatrix}$?

Lösung:
D liegt in der Ebene E, wenn λ und μ eindeutig bestimmt werden können.

D in E: (1) $0 = 1 + \lambda + 2\mu$ aus (3): $\mu = -1$
           (2) $4 = 2 + \lambda - \mu$ in (1): $\lambda = 1$
           (3) $0 = 3 + 3\mu$ in (2): $4 = 2 + 1 + 1$ wahr $\Rightarrow$ D $\in$ E

Drei-Punkte-Gleichung

Eine Ebene E ist eindeutig festgelegt durch drei Punkte A, B, C, die nicht auf einer Geraden liegen.

Man benötigt einen Punkt und zwei linear unabhängige Richtungen, z. B. Aufpunkt A und Richtungsvektoren $\vec{u} = \overrightarrow{AB} = \vec{b} - \vec{a}$ und $\vec{v} = \overrightarrow{AC} = \vec{c} - \vec{a}$.

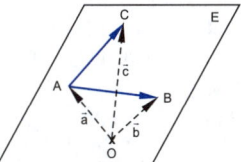

Drei-Punkte-Gleichung

E: $\vec{x} = \vec{a} + \lambda \cdot (\vec{b} - \vec{a}) + \mu \cdot (\vec{c} - \vec{a}); \ \lambda, \mu \in \mathbb{R}$

Anmerkung: Jeder der drei Punkte A, B, C ist gleichberechtigt als möglicher Aufpunkt. Ebenso können je zwei linear unabhängige Richtungen aus $\overrightarrow{AB}, \overrightarrow{AC}, \overrightarrow{BC}, \overrightarrow{BA}, \overrightarrow{CA}, \overrightarrow{CB}$ gewählt werden. Somit ist eine Ebenengleichung in Parameterform nicht eindeutig, d. h., eine Ebene kann durch völlig unterschiedliche Ebenengleichungen in Parameterform beschrieben werden.

Bestimmen Sie eine Gleichung der Ebene E in Parameterform   **Beispiel**
durch die Punkte A(4│2│3), B(6│2│−7) und C(3│3│1).

Lösung:

E: $\vec{x} = \vec{a} + \lambda \cdot (\vec{b} - \vec{a}) + \mu \cdot (\vec{c} - \vec{a}) = \begin{pmatrix} 4 \\ 2 \\ 3 \end{pmatrix} + \lambda \cdot \begin{pmatrix} 2 \\ 0 \\ -10 \end{pmatrix} + \mu \cdot \begin{pmatrix} -1 \\ 1 \\ -2 \end{pmatrix}$

Eine Ebene E ist eindeutig festgelegt durch eine Gerade g und einen Punkt P, der nicht auf dieser Geraden liegt.

Man benötigt einen Punkt und zwei linear unabhängige Richtungen, z. B. Aufpunkt A ∈ g sowie Richtungsvektoren $\vec{u}$ und $\vec{v} = \overrightarrow{AP} = \vec{p} - \vec{a}$.

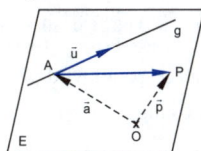

Ebene durch Punkt und Gerade

E: $\vec{x} = \vec{a} + \lambda \cdot \vec{u} + \mu \cdot (\vec{p} - \vec{a}); \ \lambda, \mu \in \mathbb{R}$

Beispiel

Zeigen Sie, dass die Gerade

$$g:\ \vec{x} = \begin{pmatrix} 1 \\ 2 \\ 1 \end{pmatrix} + \delta \cdot \begin{pmatrix} 2 \\ 0 \\ 1 \end{pmatrix}$$

und der Punkt P(3|4|−7) eine Ebene E aufspannen, und geben Sie eine Gleichung von E in Parameterform an.

Lösung:

P in g: $\quad 3 = 1 + 2\delta$

$\qquad\quad\ 4 = 2\ $ falsch $\ \Rightarrow\ P \notin g\ \Rightarrow\ $ P und g spannen eindeutig

$\qquad -7 = 1 + \delta \qquad\qquad\qquad\qquad$ eine Ebene auf.

$$E:\ \vec{x} = \vec{a} + \lambda \cdot \vec{u} + \mu \cdot (\vec{p} - \vec{a}) = \begin{pmatrix} 1 \\ 2 \\ 1 \end{pmatrix} + \lambda \cdot \begin{pmatrix} 2 \\ 0 \\ 1 \end{pmatrix} + \mu \cdot \begin{pmatrix} 2 \\ 2 \\ -8 \end{pmatrix}$$

Eine Ebene E ist eindeutig festgelegt durch zwei Geraden g_1 und g_2, die sich in einem Punkt S schneiden.

Man benötigt einen Punkt und zwei linear unabhängige Richtungen, z. B. Aufpunkt A sowie Richtungsvektoren $\vec{u}$ und $\vec{v}$.

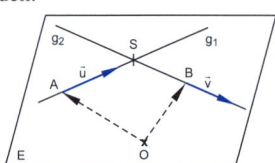

Ebene durch zwei sich schneidende Geraden
$$E:\ \vec{x} = \vec{a} + \lambda \cdot \vec{u} + \mu \cdot \vec{v};\ \lambda, \mu \in \mathbb{R}$$

Beispiel

Bestimmen Sie eine Gleichung der Ebene E in Parameterform, die durch die Geraden

$$g_1:\ \vec{x} = \begin{pmatrix} 1 \\ 2 \\ 1 \end{pmatrix} + \delta \cdot \begin{pmatrix} 2 \\ 0 \\ 1 \end{pmatrix} \quad \text{und} \quad g_2:\ \vec{x} = \begin{pmatrix} 1 \\ 2 \\ 1 \end{pmatrix} + \sigma \cdot \begin{pmatrix} 2 \\ 1 \\ -1 \end{pmatrix}$$

aufgespannt wird.

Lösung:

$$E:\ \vec{x} = \begin{pmatrix} 1 \\ 2 \\ 1 \end{pmatrix} + \lambda \cdot \begin{pmatrix} 2 \\ 0 \\ 1 \end{pmatrix} + \mu \cdot \begin{pmatrix} 2 \\ 1 \\ -1 \end{pmatrix}$$

Eine Ebene E ist durch zwei echt parallele Geraden eindeutig bestimmt.

Man benötigt einen Punkt und zwei linear unabhängige Richtungen, z. B. Aufpunkt A sowie Richtungsvektoren $\vec{u}$ und $\vec{w} = \overrightarrow{AB}$.

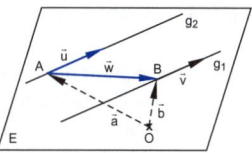

Ebene durch zwei parallele Geraden
E: $\vec{x} = \vec{a} + \lambda \cdot \vec{u} + \mu \cdot (\vec{b} - \vec{a})$; $\lambda, \mu \in \mathbb{R}$

Beispiel

Bestimmen Sie eine Gleichung der Ebene E in Parameterform, die durch die echt parallelen Geraden

g: $\vec{x} = \vec{a} + \delta \cdot \vec{u} = \begin{pmatrix} 2 \\ 4 \\ -3 \end{pmatrix} + \delta \cdot \begin{pmatrix} 1 \\ 2 \\ -1 \end{pmatrix}$ und h: $\vec{x} = \vec{b} + \sigma \cdot \vec{v} = \begin{pmatrix} 3 \\ 4 \\ 4 \end{pmatrix} + \sigma \cdot \begin{pmatrix} 2 \\ 4 \\ -2 \end{pmatrix}$

aufgespannt wird.

Lösung:
E: $\vec{x} = \vec{a} + \lambda \cdot \vec{u} + \mu \cdot (\vec{b} - \vec{a}) = \begin{pmatrix} 2 \\ 4 \\ -3 \end{pmatrix} + \lambda \cdot \begin{pmatrix} 1 \\ 2 \\ -1 \end{pmatrix} + \mu \cdot \begin{pmatrix} 1 \\ 0 \\ 7 \end{pmatrix}$

4.3 Ebenengleichung in Koordinatenform

In der Ebenengleichung E: $\vec{x} = \vec{a} + \lambda \cdot \vec{u} + \mu \cdot \vec{v}$ lassen sich die Parameter λ und μ eliminieren, wenn man die drei Koordinatengleichungen aufstellt. Es entsteht eine Gleichung nur zwischen den Variablen x_1, x_2, x_3. Diese Form der Ebenengleichung heißt **Koordinatenform**.

Ebenengleichung in Koordinatenform
Eine Gleichung der Form E: $Ax_1 + Bx_2 + Cx_3 + D = 0$ mit reellen Zahlen A, B, C, D beschreibt eine Ebene E im $\mathbb{R}^3$.

Ein Punkt $P(x_1 \mid x_2 \mid x_3)$ liegt auf der Ebene E, wenn durch Einsetzen seiner Koordinaten in die Ebenengleichung eine wahre Aussage entsteht.

Beispiel

Bestimmen Sie für die Ebene E: $\vec{x} = \begin{pmatrix} 1 \\ 1 \\ 1 \end{pmatrix} + \lambda \cdot \begin{pmatrix} 2 \\ 2 \\ -1 \end{pmatrix} + \mu \cdot \begin{pmatrix} 2 \\ 1 \\ 2 \end{pmatrix}$ eine Gleichung in Koordinatenform.

Überprüfen Sie, ob der Punkt $P(4 \mid 3 \mid -2)$ auf der Ebene E liegt, und bestimmen Sie den Schnittpunkt S der Ebene E mit der x_3-Achse.

Lösung:

Aus den Koordinatengleichungen

(1) $x_1 = 1 + 2\lambda + 2\mu$
(2) $x_2 = 1 + 2\lambda + \mu$
(3) $x_3 = 1 - \lambda + 2\mu$

sind die Parameter λ und μ zu eliminieren. Dies gelingt besonders effektiv mit dem Gauß-Algorithmus:

(1) $2\lambda + 2\mu = x_1 - 1$
(2) $2\lambda + \mu = x_2 - 1$
(3) $-\lambda + 2\mu = x_3 - 1$

$$
\begin{array}{cc|c}
2 & 2 & x_1 - 1 \\
2 & 1 & x_2 - 1 \\
-1 & 2 & x_3 - 1
\end{array}
$$

$$
\begin{array}{cc|c}
2 & 2 & x_1 - 1 \\
0 & 1 & x_1 - x_2 \\
0 & 6 & x_1 + 2x_3 - 3
\end{array}
$$

$$
\begin{array}{cc|c}
0 & 0 & 6x_1 - 6x_2 - x_1 - 2x_3 + 3
\end{array}
$$

$\Rightarrow$ E: $5x_1 - 6x_2 - 2x_3 + 3 = 0$

P in E: $20 - 18 + 4 + 3 = 0$ $\Rightarrow$ $9 = 0$ falsch $\Rightarrow$ $P \notin E$

Schnittpunkt mit der x_3-Achse:

$x_1 = x_2 = 0$: $-2x_3 + 3 = 0$

$\Rightarrow$ $x_3 = 1{,}5$ $\Rightarrow$ $S(0 \mid 0 \mid 1{,}5)$

Anmerkung: Die Ebenengleichung in Koordinatenform ist eindeutig bis auf die Multiplikation mit einer Konstanten.

Die Ebene F: $2x_1 - 4x_2 - 8x_3 + 10 = 0$
kann auch dargestellt werden durch

F: $x_1 - 2x_2 - 4x_3 + 5 = 0$

oder F: $-x_1 + 2x_2 + 4x_3 - 5 = 0$ usw.

Besondere Lagen von Ebenen

> **Ebene parallel zu einer Koordinatenachse**
> Ist in der Ebenengleichung $Ax_1 + Bx_2 + Cx_3 + D = 0$ der Koeffizient A = 0 (bzw. B = 0 oder C = 0), so ist die Ebene parallel zur x_1- (bzw. x_2- oder x_3-) Achse.

E: $3x_1 - 5x_2 + 16 = 0$ ist parallel zur x_3-Achse.

F: $6x_1 - 7 = 0$ ist parallel zur x_2-Achse und zur x_3-Achse, d. h. zur x_2-x_3-Koordinatenebene.

G: $6x_1 + 3x_2 - 2x_3 = 0$ enthält den Ursprung O(0|0|0), da D = 0 ist.

> **Gleichungen der Koordinatenebenen**
> $x_1 = 0$ x_2-x_3-Koordinatenebene
> $x_2 = 0$ x_1-x_3-Koordinatenebene
> $x_3 = 0$ x_1-x_2-Koordinatenebene

4.4 Ebenengleichung in Achsenabschnittsform

Wenn die Ebene E: $Ax_1 + Bx_2 + Cx_3 + D = 0$ nicht den Koordinatenursprung enthält, d. h., wenn $D \neq 0$ gilt, lässt sich die Ebenengleichung wie folgt umformen:

$$Ax_1 + Bx_2 + Cx_3 = -D \quad |:(-D)$$
$$-\frac{A}{D}x_1 - \frac{B}{D}x_2 - \frac{C}{D}x_3 = 1$$
$$\frac{x_1}{-\frac{D}{A}} + \frac{x_2}{-\frac{D}{B}} + \frac{x_3}{-\frac{D}{C}} = 1$$

Mit neuen Bezeichnungen für die Nenner erhält man:

> **Ebenengleichung in Achsenabschnittsform**
> Eine Gleichung der Form
> E: $\frac{x_1}{a_1} + \frac{x_2}{a_2} + \frac{x_3}{a_3} = 1$ mit $a_1, a_2, a_3 \in \mathbb{R} \setminus \{0\}$
> beschreibt eine Ebene E im $\mathbb{R}^3$.
> Sie schneidet die Koordinatenachsen in den Punkten
> $S_1(a_1|0|0)$, $S_2(0|a_2|0)$ und $S_3(0|0|a_3)$.

Anmerkung: Die Ebenengleichung in Achsenabschnittsform ist eindeutig, da auf der rechten Seite der Gleichung immer die Zahl 1 stehen muss.

Beispiel

Bestimmen Sie für die Ebene E: $2x_1 + x_2 + 3x_3 - 4 = 0$ die Schnittpunkte mit den Koordinatenachsen und ermitteln Sie eine Gleichung der Ebene E in Parameterform.

Lösung:

E: $\quad 2x_1 + x_2 + 3x_3 = 4 \quad |:4$

E: $\frac{1}{2}x_1 + \frac{1}{4}x_2 + \frac{3}{4}x_3 = 1$

E: $\qquad \frac{x_1}{2} + \frac{x_2}{4} + \frac{x_3}{\frac{4}{3}} = 1 \quad$ (Achsenabschnittsform)

$\Rightarrow \; S_1(2|0|0), S_2(0|4|0), S_3\left(0|0|\frac{4}{3}\right)$

Die Parameterform erhält man als Drei-Punkte-Gleichung (vergleiche Seite 189):

E: $\vec{x} = \begin{pmatrix} 2 \\ 0 \\ 0 \end{pmatrix} + \lambda \begin{pmatrix} -2 \\ 4 \\ 0 \end{pmatrix} + \mu \begin{pmatrix} -2 \\ 0 \\ \frac{4}{3} \end{pmatrix}; \; \lambda, \mu \in \mathbb{R}$

Anmerkung: Zur Bestimmung der Parameterform der Ebenengleichung hätte man anstatt der drei Achsenschnittpunkte auch drei beliebige andere Ebenenpunkte, die nicht auf einer Geraden liegen, heranziehen können. Bei einer Ursprungsebene ($D = 0$) hätte man diesen Lösungsweg wählen müssen, weil eine Ursprungsebene alle drei Koordinatenachsen im Ursprung schneidet.

Schrägbildskizze der Ebene E im Koordinatensystem:

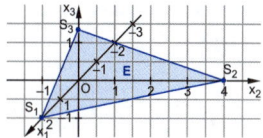

4.5 Ebenengleichung in Normalenform

Die im Abschnitt 4.3 bestimmte parameterfreie Darstellung einer
Ebene in Koordinatenform hat eine Deutung, die erst mithilfe
eines Lotvektors (Normalenvektors) zur Ebene erfolgen kann.
Bestimmt man für eine Ebene E, deren Gleichung in Parameter-
form gegeben ist, $E: \vec{x} = \vec{a} + \lambda \cdot \vec{u} + \mu \cdot \vec{v}$, einen Vektor $\vec{n}$, der auf
den Richtungsvektoren $\vec{u}$ und $\vec{v}$ senkrecht steht, und multipliziert
man die Ebenengleichung skalar mit $\vec{n}$, so erhält man:

$$\vec{n} \circ \vec{x} = \vec{n} \circ \vec{a} + \lambda \cdot \underbrace{\vec{n} \circ \vec{u}}_{0} + \mu \cdot \underbrace{\vec{n} \circ \vec{v}}_{0}$$

Normalenform der Ebenengleichung
$E: \vec{n} \circ \vec{x} = \vec{n} \circ \vec{a}$ bzw. $E: \vec{n} \circ \vec{x} - \vec{n} \circ \vec{a} = 0$

In Koordinatenschreibweise:

$$E: \begin{pmatrix} n_1 \\ n_2 \\ n_3 \end{pmatrix} \circ \begin{pmatrix} x_1 \\ x_2 \\ x_3 \end{pmatrix} = \begin{pmatrix} n_1 \\ n_2 \\ n_3 \end{pmatrix} \circ \begin{pmatrix} a_1 \\ a_2 \\ a_3 \end{pmatrix}$$

$\Rightarrow\ E: n_1 x_1 + n_2 x_2 + n_3 x_3 - (n_1 a_1 + n_2 a_2 + n_3 a_3) = 0$

$\quad E: n_1 x_1 + n_2 x_2 + n_3 x_3 + n_4 = 0$

Der **Normalenvektor $\vec{n}$** ist
ein Vektor, der auf **allen**
Vektoren der Ebene E **senkrecht steht**.

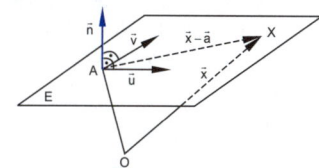

Beispiel

Bestimmen Sie eine Normalenform der Ebenengleichung der

Ebene E: $\vec{x} = \begin{pmatrix} 2 \\ 1 \\ 3 \end{pmatrix} + \lambda \cdot \begin{pmatrix} 1 \\ 0 \\ 1 \end{pmatrix} + \mu \cdot \begin{pmatrix} 2 \\ 2 \\ -1 \end{pmatrix}$.

Lösung:

$\vec{n} = \begin{pmatrix} 1 \\ 0 \\ 1 \end{pmatrix} \times \begin{pmatrix} 2 \\ 2 \\ -1 \end{pmatrix} = \begin{pmatrix} 0-2 \\ 2+1 \\ 2-0 \end{pmatrix} = \begin{pmatrix} -2 \\ 3 \\ 2 \end{pmatrix}$

E: $\vec{n} \circ \vec{x} = \vec{n} \circ \vec{a}$

E: $\begin{pmatrix} -2 \\ 3 \\ 2 \end{pmatrix} \circ \vec{x} = \begin{pmatrix} -2 \\ 3 \\ 2 \end{pmatrix} \circ \begin{pmatrix} 2 \\ 1 \\ 3 \end{pmatrix} = -4+3+6 = 5$

E: $-2x_1 + 3x_2 + 2x_3 - 5 = 0$ bzw.   E: $2x_1 - 3x_2 - 2x_3 + 5 = 0$

Enthält eine Ebenengleichung in Normalenform eine Formvariable, ermöglicht der Normalenvektor meist eine geometrische Deutung.

Beispiel

$E_a: ax_1 + 2x_2 - x_3 + 4 = 0$ **Ebenenbüschel** mit gemeinsamer
                                           Schnittgerade

$E_a: x_1 + 2x_2 - 2x_3 - a = 0$ **Schar paralleler Ebenen**, d. h., alle
                                           Ebenen besitzen die gleiche Norma-
                                           lenrichtung.

Auch die Winkel zwischen Geraden und Ebenen können mithilfe des Normalenvektors bestimmt werden.

Ebene – Ebene

Schnittwinkel zweier Ebenen
Unter dem Schnittwinkel zweier
Ebenen versteht man den **spitzen**
Winkel φ, den die Normalenvek-
toren miteinander einschließen.
Es gilt:

$$\cos \varphi = \left| \frac{\vec{n}_1 \circ \vec{n}_2}{|\vec{n}_1| \cdot |\vec{n}_2|} \right|$$

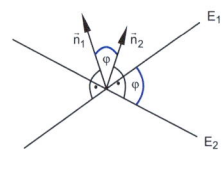

Bestimmen Sie den Winkel φ, den die Ebenen
$E_1: 5x_1 + 2x_2 - 6x_3 - 12 = 0$ und $E_2: x_1 + 5x_2 + 3x_3 + 4 = 0$
miteinander einschließen.

Lösung:

$$\vec{n}_1 \circ \vec{n}_2 = \begin{pmatrix} 5 \\ 2 \\ -6 \end{pmatrix} \circ \begin{pmatrix} 1 \\ 5 \\ 3 \end{pmatrix} = 5 + 10 - 18 = -3$$

$$|\vec{n}_1| = \sqrt{25 + 4 + 36} = \sqrt{65}; \quad |\vec{n}_2| = \sqrt{1 + 25 + 9} = \sqrt{35}$$

$$\cos\varphi = \left| \frac{-3}{\sqrt{65} \cdot \sqrt{35}} \right| \quad \Rightarrow \quad \varphi \approx 86{,}39°$$

Gerade – Ebene

Mit den Bestimmungsstücken von g
und E lässt sich nur der Winkel φ' bestimmen, der den gesuchten Winkel φ
zu 90° ergänzt.

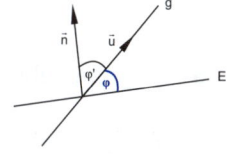

Es gilt:

$$\cos\varphi' = \left| \frac{\vec{u} \circ \vec{n}}{|\vec{u}| \cdot |\vec{n}|} \right| \quad \wedge \quad \varphi = 90° - \varphi'$$

Wegen $\cos\varphi' = \cos(90° - \varphi) = \sin\varphi$
gilt auch direkt für den Schnittwinkel φ:

$$\sin\varphi = \left| \frac{\vec{u} \circ \vec{n}}{|\vec{u}| \cdot |\vec{n}|} \right|$$

Schnittwinkel einer Geraden mit einer Ebene

Unter dem Schnittwinkel φ einer Geraden mit einer Ebene
versteht man den Winkel, der den spitzen Winkel φ' zwischen
dem Richtungsvektor der Geraden und dem Normalenvektor
der Ebene zu 90° ergänzt. Es gilt:

$$\cos\varphi' = \left| \frac{\vec{u} \circ \vec{n}}{|\vec{u}| \cdot |\vec{n}|} \right| \quad \wedge \quad \varphi = 90° - \varphi' \quad \text{bzw.} \quad \sin\varphi = \left| \frac{\vec{u} \circ \vec{n}}{|\vec{u}| \cdot |\vec{n}|} \right|$$

Beispiel

Bestimmen Sie den Winkel φ, den die Gerade $g: \vec{x} = \begin{pmatrix} 1 \\ 2 \\ 4 \end{pmatrix} + \lambda \cdot \begin{pmatrix} 2 \\ 2 \\ 1 \end{pmatrix}$ und die Ebene E: $x_1 + 2x_2 - 4 = 0$ einschließen.

Lösung:

$$\vec{u} \circ \vec{n} = \begin{pmatrix} 2 \\ 2 \\ 1 \end{pmatrix} \circ \begin{pmatrix} 1 \\ 2 \\ 0 \end{pmatrix} = 2 + 4 = 6;$$

$$|\vec{u}| = \sqrt{4 + 4 + 1} = 3; \quad |\vec{n}| = \sqrt{1 + 4 + 0} = \sqrt{5}$$

$$\cos \varphi' = \left| \frac{6}{3\sqrt{5}} \right| \quad \Rightarrow \quad \varphi' \approx 26{,}57°$$

$$\Rightarrow \quad \varphi = 90° - \varphi' \approx 63{,}43°$$

bzw.

$$\sin \varphi = \left| \frac{6}{3\sqrt{5}} \right| \quad \Rightarrow \quad \varphi \approx 63{,}43°$$

4.6   Lagebeziehungen zwischen zwei Geraden

Die gegenseitige Lage zweier Geraden im zweidimensionalen Raum $\mathbb{R}^2$ haben wir bereits beim Lösen von Gleichungssystemen von zwei Gleichungen mit zwei Variablen erörtert.

Aus der räumlichen Geometrie der Mittelstufe weiß man, dass es im $\mathbb{R}^3$ für zwei Geraden **vier** mögliche Lagen gibt: Die Geraden sind **echt parallel**, sie sind **identisch**, sie **schneiden sich** in einem Punkt oder sie sind **windschief** (sie laufen aneinander vorbei, ohne parallel zu sein).

Die beiden Geraden sollen in der folgenden Form gegeben sein:

g: $\vec{x} = \vec{a} + \lambda \cdot \vec{u}; \lambda \in \mathbb{R}$ h: $\vec{x} = \vec{b} + \mu \cdot \vec{v}; \mu \in \mathbb{R}$

Durch die **Betrachtung der Richtungsvektoren** $\vec{u}$ und $\vec{v}$ lassen sich zunächst zwei Fälle unterscheiden:

Sind $\vec{u}$ und $\vec{v}$ kollinear, d. h., gilt $\vec{u} = k \cdot \vec{v}$?

                    ja ╱   ╲ nein

(1) g und h sind echt parallel   (2) g und h sind windschief
    oder identisch.   oder schneiden sich in
                                           einem Punkt.

Innerhalb dieser beiden Fälle fällt die Entscheidung nach unterschiedlichen Kriterien:

(1) **Punktprobe**

Man wählt einen Punkt A ∈ g (bzw. B ∈ h) und prüft nach, ob er auf h (bzw. auf g) liegt.

Falls **A ∈ g** ∧ **A ∈ h** ⇒ **g = h**, d. h., die beiden Geraden sind identisch.

Falls **A ∈ g** ∧ **A ∉ h** ⇒ g und h sind **echt parallel**.

Bestimmen Sie die gegenseitige Lage der beiden Geraden g und h:

Beispiel

$$g: \vec{x} = \begin{pmatrix} 1 \\ 0 \\ 1 \end{pmatrix} + \lambda \cdot \begin{pmatrix} 2 \\ 2 \\ 1 \end{pmatrix} \qquad h: \vec{x} = \begin{pmatrix} 5 \\ 4 \\ 3 \end{pmatrix} + \mu \cdot \begin{pmatrix} -2 \\ -2 \\ -1 \end{pmatrix}$$

Lösung:

Wegen $\begin{pmatrix} 2 \\ 2 \\ 1 \end{pmatrix} = (-1) \cdot \begin{pmatrix} -2 \\ -2 \\ -1 \end{pmatrix}$ gilt: g ∥ h oder g = h

Punktprobe

$$A(1|0|1) \text{ in h: } \left. \begin{matrix} 1 = 5 - 2\mu & \Rightarrow & \mu = 2 \\ 0 = 4 - 2\mu & \Rightarrow & \mu = 2 \\ 1 = 3 - \mu & \Rightarrow & \mu = 2 \end{matrix} \right\} \Rightarrow A \in h$$

⇒ g = h, d. h. die beiden Geraden sind identisch.

(2) **Komplanarität von $\vec{u}$, $\vec{v}$ und $\vec{a} - \vec{b}$**

Falls $\vec{u}$, $\vec{v}$, $\vec{a} - \vec{b}$ komplanar ⇒ g und h liegen in einer Ebene und **schneiden sich**.

Falls $\vec{u}$, $\vec{v}$, $\vec{a} - \vec{b}$ nicht komplanar ⇒ g und h sind **windschief**.

Bestimmen Sie die gegenseitige Lage der beiden Geraden g und h:

Beispiel

$$g: \vec{x} = \begin{pmatrix} 1 \\ 0 \\ 1 \end{pmatrix} + \lambda \cdot \begin{pmatrix} 2 \\ 2 \\ 1 \end{pmatrix} \qquad h: \vec{x} = \begin{pmatrix} 4 \\ 3 \\ 1 \end{pmatrix} + \mu \cdot \begin{pmatrix} 1 \\ -2 \\ 2 \end{pmatrix}$$

Lösung:

Wegen $\begin{pmatrix} 2 \\ 2 \\ 1 \end{pmatrix} \neq k \cdot \begin{pmatrix} 1 \\ -2 \\ 2 \end{pmatrix}$ gilt: g und h sind windschief oder

schneiden sich.

Sind $\vec{u}$, $\vec{v}$ und $\vec{a} - \vec{b}$ komplanar?

$$\lambda \cdot \begin{pmatrix} 2 \\ 2 \\ 1 \end{pmatrix} + \mu \begin{pmatrix} 1 \\ -2 \\ 2 \end{pmatrix} = \begin{pmatrix} 1 \\ 0 \\ 1 \end{pmatrix} - \begin{pmatrix} 4 \\ 3 \\ 1 \end{pmatrix}$$

Gauß-Algorithmus

$$
\begin{array}{cc|c}
2 & 1 & -3 \\
2 & -2 & -3 \\
1 & 2 & 0
\end{array}
$$

$$
\begin{array}{cc|c}
2 & 1 & -3 \\
0 & 3 & 0 \\
0 & -3 & -3
\end{array}
$$

$$
\begin{array}{cc|c}
0 & 0 & -3
\end{array}
\quad \text{Widerspruch}
$$

$\Rightarrow$ $\vec{u}, \vec{v}, \vec{a} - \vec{b}$ nicht komplanar $\Rightarrow$ g und h sind windschief.

Grundsätzlich kann man die Lagebeziehung zweier Geraden auch bestimmen, indem man versucht einen **Schnittpunkt** auszurechnen, d. h., man setzt die Koordinatengleichungen der Geraden gleich:

$$\vec{a} + \lambda \cdot \vec{u} = \vec{b} + \mu \cdot \vec{v}$$

Dieses lineare Gleichungssystem besteht aus drei Gleichungen mit den zwei Unbekannten λ und μ. Für die Lösungen gibt es drei Möglichkeiten:

1. Fall: Das Gleichungssystem besitzt eine eindeutige Lösung.
   $\Rightarrow$ g und h schneiden sich.

2. Fall: Das Gleichungssystem besitzt unendlich viele Lösungen.
   $\Rightarrow$ g und h sind identisch.

3. Fall: Das Gleichungssystem besitzt keine Lösung.

$\Rightarrow$ g und h sind parallel oder windschief.

Diese beiden Möglichkeiten lassen sich dann über die
Richtungsvektoren $\vec{u}$ und $\vec{v}$ unterscheiden:

$\vec{u} = k \cdot \vec{v} \Rightarrow$ g ist parallel zu h.

$\vec{u} \neq k \cdot \vec{v} \Rightarrow$ g und h sind windschief.

Bestimmen Sie jeweils die gegenseitige Lage der beiden Geraden   **Beispiel**
g und h und ermitteln Sie gegebenenfalls die Koordinaten des
gemeinsamen Punktes.

1. $g: \vec{x} = \begin{pmatrix} -3 \\ -4 \\ -1 \end{pmatrix} + \lambda \begin{pmatrix} 2 \\ 2 \\ 1 \end{pmatrix}, \qquad h: \vec{x} = \begin{pmatrix} 4 \\ 3 \\ 1 \end{pmatrix} + \mu \cdot \begin{pmatrix} -1 \\ -1 \\ 1 \end{pmatrix}$

Lösung:

Gleichsetzen: $\begin{aligned} -3 + 2\lambda &= 4 - \mu \\ -4 + 2\lambda &= 3 - \mu \\ -1 + \lambda &= 1 + \mu \end{aligned}$ oder $\begin{aligned} 2\lambda + \mu &= 7 \\ 2\lambda + \mu &= 7 \\ \lambda - \mu &= 2 \end{aligned}$

Gauß-Algorithmus

$\begin{array}{rr|r} 2 & 1 & 7 \\ 2 & 1 & 7 \\ 1 & -1 & 2 \end{array}$

$\begin{array}{rr|r} 2 & 1 & 7 \\ 0 & 0 & 0 \\ 0 & 3 & 3 \end{array}$ $\Rightarrow$ Gleichungssystem eindeutig lösbar

$\Rightarrow \mu = 1$ in h

$\Rightarrow$ Schnittpunkt $S(3 \,|\, 2 \,|\, 2)$

2. $g: \vec{x} = \begin{pmatrix} 3 \\ 2 \\ 2 \end{pmatrix} + \lambda \begin{pmatrix} 2 \\ 2 \\ -1 \end{pmatrix}, \qquad h: \vec{x} = \begin{pmatrix} 4 \\ 0 \\ 1 \end{pmatrix} + \mu \cdot \begin{pmatrix} -4 \\ -4 \\ 2 \end{pmatrix}$

Lösung:

Gleichsetzen: $\begin{aligned} 3 + 2\lambda &= 4 - 4\mu \\ 2 + 2\lambda &= -4\mu \\ 2 - \lambda &= 1 + 2\mu \end{aligned}$ oder $\begin{aligned} 2\lambda + 4\mu &= 1 \\ 2\lambda + 4\mu &= -2 \\ -\lambda - 2\mu &= -1 \end{aligned}$

Gauß-Algorithmus

$$\left.\begin{array}{rr|r} 2 & 4 & 1 \\ 2 & 4 & -2 \\ -1 & -2 & -1 \end{array}\right] \begin{array}{l} - \\ + \\ \cdot 2 \end{array}$$

$$\begin{array}{rr|r} 2 & 4 & 1 \\ 0 & 0 & 3 \Rightarrow \text{Widerspruch} \\ (0 & 0 & -1) \end{array}$$

$\Rightarrow$ Die Geraden g und h sind parallel oder windschief.

Wegen $\begin{pmatrix} 2 \\ 2 \\ -1 \end{pmatrix} = -\frac{1}{2} \cdot \begin{pmatrix} -4 \\ -4 \\ 2 \end{pmatrix}$ sind g und h parallel.

4.7 Lagebeziehungen zwischen zwei Ebenen

Für die gegenseitige Lage zweier Ebenen des $\mathbb{R}^3$ gibt es drei Möglichkeiten: Die Ebenen sind **identisch**, sind **echt parallel** oder **schneiden sich** in einer Geraden.

Besonders einfach kann die gegenseitige Lage zweier Ebenen E_1 und E_2 festgestellt werden, wenn **beide Ebenengleichungen in Koordinatenform** vorliegen:
$E_1: Ax_1 + Bx_2 + Cx_3 + D = 0$
$E_2: A'x_1 + B'x_2 + C'x_3 + D' = 0$

Diese Ebenengleichungen können oft durch Division auf eine Form gebracht werden, in der die Koeffizienten A, B, C, D und A', B', C', D' jeweils teilerfremde ganze Zahlen sind.

(1) Gilt nach der Umformung $A = A' \wedge B = B' \wedge C = C' \wedge D = D'$, so sind die beiden Ebenen **identisch**, d. h., es gilt $E_1 = E_2$.

Beispiel

$$\begin{array}{ll} E_1: & 6x_1 + 8x_2 - 2x_3 - 16 = 0 \qquad |:(-2) \\ E_2: & -3x_1 - 4x_2 + x_3 + 8 = 0 \end{array}$$

$$\begin{array}{ll} E_1: & -3x_1 - 4x_2 + x_3 + 8 = 0 \\ E_2: & -3x_1 - 4x_2 + x_3 + 8 = 0 \end{array}$$

$\Rightarrow E_1 = E_2$

(2) Gilt nach der Umformung $A = A' \wedge B = B' \wedge C = C' \wedge D \neq D'$, so sind die beiden Ebenen **echt parallel**.

Beispiel

E_1: $3x_1 - 8x_2 + 4x_3 - 16 = 0$
E_2: $-6x_1 + 16x_2 - 8x_3 + 4 = 0 \qquad |:(-2)$

E_1: $3x_1 - 8x_2 + 4x_3 - 16 = 0$
E_2: $3x_1 - 8x_2 + 4x_3 - 2 = 0$

$\Rightarrow$ E_1 und E_2 sind echt parallel.

(3) Stimmen A, B, C und A', B', C' nicht paarweise überein, dann schneiden sich die beiden Ebenen in einer Geraden s, der **Schnittgeraden**.

Beispiel

Bestimmen Sie eine Gleichung der Schnittgeraden s folgender Ebenen:
E_1: $2x_1 + x_2 - 2x_3 - 3 = 0$
E_2: $x_1 - x_2 + 3x_3 = 0$

Lösung:
1. Möglichkeit: Da die zwei Gleichungen drei Variable besitzen, kann eine beliebig frei gewählt werden, z. B. $x_1 = \lambda$.

(1) $\quad 2\lambda + x_2 - 2x_3 - 3 = 0$
(2) $\quad \lambda - x_2 + 3x_3 = 0$

(1) + (2): $3\lambda + x_3 - 3 = 0 \Rightarrow x_3 = 3 - 3\lambda$
in (2): $\lambda - x_2 + 9 - 9\lambda = 0 \Rightarrow x_2 = 9 - 8\lambda$

$\left. \begin{array}{l} x_1 = 0 + \lambda \cdot 1 \\ x_2 = 9 + \lambda \cdot (-8) \\ x_3 = 3 + \lambda \cdot (-3) \end{array} \right\} \Rightarrow s: \vec{x} = \begin{pmatrix} 0 \\ 9 \\ 3 \end{pmatrix} + \lambda \cdot \begin{pmatrix} 1 \\ -8 \\ -3 \end{pmatrix}$

2. Möglichkeit: Wählt man jeweils eine Variable fest, so kann man zwei Punkte auf der Schnittgerade bestimmen.

$x_1 = 0$: (1) $\quad x_2 - 2x_3 - 3 = 0$
(2) $\quad -x_2 + 3x_3 = 0$

(1) + (2): $\quad x_3 - 3 = 0 \Rightarrow x_3 = 3$
in (2): $\quad x_2 = 9 \Rightarrow S_1(0|9|3)$

$x_3 = 0$:

(1) $\qquad 2x_1 + x_2 - 3 = 0$

(2) $\qquad\quad x_1 - x_2 \quad\;\; = 0$

$(1)+(2)$: $3x_1 \qquad\quad - 3 = 0 \;\Rightarrow\; x_1 = 1$

in (2): $\qquad\quad x_2 \qquad = 1 \;\Rightarrow\; S_2(1|1|0)$

$s = S_1 S_2$: $\vec{x} = \begin{pmatrix} 0 \\ 9 \\ 3 \end{pmatrix} + \lambda \cdot \begin{pmatrix} 1 \\ -8 \\ -3 \end{pmatrix}$

Ebenso günstig ist es für die Untersuchung der gegenseitigen Lage zweier Ebenen, wenn **eine Ebenengleichung in Parameterform und eine Ebenengleichung in Koordinatenform** gegeben ist:

E: $Ax_1 + Bx_2 + Cx_3 + D = 0$

F: $\vec{x} = \vec{a} + \lambda \cdot \vec{u} + \mu \cdot \vec{v};\; \lambda, \mu \in \mathbb{R}$ oder F: $\begin{cases} x_1 = a_1 + \lambda u_1 + \mu v_1 \\ x_2 = a_2 + \lambda u_2 + \mu v_2 \\ x_3 = a_3 + \lambda u_3 + \mu v_3 \end{cases}$

Man untersucht nun die gegenseitige Lage der Ebenen E und F, indem man die beiden Ebenen schneidet, d. h., die Koordinaten x_1, x_2 und x_3 der Ebene F werden in die Koordinatengleichung der Ebene E eingesetzt.

Man erhält eine Gleichung für die beiden Parameter λ und μ. Nun sind drei Fälle zu unterscheiden:

1. Fall: Die Gleichung führt auf einen **Widerspruch**.

       $\Rightarrow$ E und F haben keine gemeinsamen Punkte, sie sind **echt parallel**.

2. Fall: Die Gleichung ergibt eine **wahre Aussage** unabhängig von λ und μ ($0 = 0$).

       $\Rightarrow$ E und F haben unendlich viele Punkte gemeinsam, sie sind **identisch**.

3. Fall: Die Gleichung stellt eine Beziehung zwischen λ und μ her.

       $\Rightarrow$ E und F **schneiden sich**. In diesem Fall erhält man eine Gleichung der Schnittgeraden durch Einsetzen von λ bzw. μ in die Parameterform der Ebene F.

Untersuchen Sie die gegenseitige Lage der Ebenen E und F und bestimmen Sie gegebenenfalls eine Gleichung der Schnittgeraden.

1. E: $6x_1 + 5x_2 - 3x_3 - 5 = 0$ und F: $\vec{x} = \begin{pmatrix} 0 \\ 1 \\ 5 \end{pmatrix} + \lambda \begin{pmatrix} 2 \\ 1 \\ 4 \end{pmatrix} + \mu \begin{pmatrix} 1 \\ -1 \\ 2 \end{pmatrix}$

   Lösung:

   F: $\left. \begin{cases} x_1 = 0 + 2\lambda + \mu \\ x_2 = 1 + \lambda - \mu \\ x_3 = 5 + 4\lambda + 2\mu \end{cases} \right\}$ in E $\Rightarrow$

   $6(2\lambda + \mu) + 5(1 + \lambda - \mu) - 3(5 + 4\lambda + 2\mu) - 5 = 0$

   $12\lambda + 6\mu + 5 + 5\lambda - 5\mu - 15 - 12\lambda - 6\mu - 5 = 0$

   $$5\lambda - 5\mu - 15 = 0$$
   $$5\lambda = 5\mu + 15$$
   $$\lambda = \mu + 3$$

   $\Rightarrow$ E und F schneiden sich.

   Um die Gleichung der Schnittgeraden zu bestimmen, wird $\lambda = \mu + 3$ in die Gleichung von F eingesetzt:

   $$\vec{x} = \begin{pmatrix} 0 \\ 1 \\ 5 \end{pmatrix} + (\mu + 3) \begin{pmatrix} 2 \\ 1 \\ 4 \end{pmatrix} + \mu \begin{pmatrix} 1 \\ -1 \\ 2 \end{pmatrix} = \left[\begin{pmatrix} 0 \\ 1 \\ 5 \end{pmatrix} + 3 \cdot \begin{pmatrix} 2 \\ 1 \\ 4 \end{pmatrix} \right] + \mu \cdot \left[\begin{pmatrix} 2 \\ 1 \\ 4 \end{pmatrix} + \begin{pmatrix} 1 \\ -1 \\ 2 \end{pmatrix} \right]$$

   s: $\vec{x} = \begin{pmatrix} 6 \\ 4 \\ 17 \end{pmatrix} + \mu \begin{pmatrix} 3 \\ 0 \\ 6 \end{pmatrix}$; $\mu \in \mathbb{R}$

2. E: $x_2 - 7x_3 + 1 = 0$ und F: $\vec{x} = \begin{pmatrix} 0 \\ -1 \\ 1 \end{pmatrix} + \lambda \begin{pmatrix} 1 \\ 0 \\ 0 \end{pmatrix} + \mu \begin{pmatrix} -2 \\ 7 \\ 1 \end{pmatrix}$

   Lösung:

   F: $\left. \begin{cases} x_1 = \lambda - 2\mu \\ x_2 = -1 + 7\mu \\ x_3 = 1 + \mu \end{cases} \right\}$ in E $\Rightarrow$

   $(-1 + 7\mu) - 7(1 + \mu) + 1 = 0$

   $-1 + 7\mu - 7 - 7\mu + 1 = 0$

   $$-7 = 0 \quad \text{Widerspruch}$$

   $\Rightarrow$ E und F sind echt parallel.

Wenn beide Ebenengleichungen in Parameterform gegeben sind, ist es – ähnlich wie bei zwei Geradengleichungen – möglich, die Lagebeziehung der Ebenen durch Untersuchung der Orts- und Richtungsvektoren zu bestimmen. Die zugehörigen Berechnungen sind jedoch so aufwendig, dass es zweckmäßiger ist, eine der beiden Ebenengleichungen in Koordinatenform umzuwandeln und dann den eben gezeigten Lösungsweg zu wählen.

4.8 Lagebeziehungen zwischen Gerade und Ebene

Die Ebene wird wieder in die Koordinatenform umgewandelt, d. h., man hat E: $Ax_1 + Bx_2 + Cx_3 + D = 0$. Die Gerade sei in der Form g: $\vec{x} = \vec{a} + \lambda \cdot \vec{u}$ gegeben.
Es können drei verschiedene Lagen auftreten: Die Gerade g liegt in der Ebene E, sie ist echt parallel zu ihr oder sie schneidet sie in einem Punkt.
Alle drei Fälle können mit dem gleichen Verfahren bestimmt werden: Man setzt die Koordinaten der Punkte der Geraden

$$g: \begin{cases} x_1 = a_1 + \lambda u_1 \\ x_2 = a_2 + \lambda u_2 \\ x_3 = a_3 + \lambda u_3 \end{cases}$$

in die Koordinatengleichung der Ebene E ein. Man erhält eine Gleichung für den Parameter λ. Nun sind drei Fälle zu unterscheiden:

1. Fall: Die Gleichung führt auf eine eindeutige Lösung für λ. Dann **schneidet die Gerade g die Ebene E in einem Punkt S**.

Beispiel Untersuchen Sie die gegenseitige Lage der Ebene

E: $3x_1 - 2x_2 + 6x_3 + 14 = 0$ und der Geraden g: $\vec{x} = \begin{pmatrix} -7 \\ 4 \\ -1 \end{pmatrix} + \lambda \cdot \begin{pmatrix} 3 \\ -3 \\ 1 \end{pmatrix}$.

Lösung:

$x_1 = -7 + 3\lambda$ $3(-7 + 3\lambda) - 2(4 - 3\lambda) + 6(-1 + \lambda) + 14 = 0$

$x_2 = 4 - 3\lambda$ in E: $-21 + 9\lambda - 8 + 6\lambda - 6 + 6\lambda + 14 = 0$

$x_3 = -1 + \lambda$ $21\lambda = 21$

                                 $\Rightarrow$ $\lambda = 1$

$\lambda = 1$ in g eingesetzt liefert S(-4 | 1 | 0).

2. Fall: Die Ausdrücke mit dem Parameter λ fallen weg und es bleibt eine wahre Aussage stehen: **Die Gerade g liegt in der Ebene E**, weil sich für jeden Wert des Parameters beim Einsetzen in E eine wahre Aussage ergibt, d. h., jeder Punkt der Geraden liegt in der Ebene.

Untersuchen Sie die gegenseitige Lage der Ebene   **Beispiel**

E: $6x_1 + 4x_2 + 3x_3 - 12 = 0$ und der Geraden g: $\vec{x} = \begin{pmatrix} 2 \\ 3 \\ -4 \end{pmatrix} + \lambda \cdot \begin{pmatrix} 1 \\ -3 \\ 2 \end{pmatrix}$.

Lösung:

$x_1 = 2 + \lambda$ $6(2 + \lambda) + 4(3 - 3\lambda) + 3(-4 + 2\lambda) - 12 = 0$

$x_2 = 3 - 3\lambda$ in E: $12 + 6\lambda + 12 - 12\lambda - 12 + 6\lambda - 12 = 0$

$x_3 = -4 + 2\lambda$ $0 = 0$ wahr

$\Rightarrow$ g $\subset$ E, d. h. g liegt in E.

3. Fall: Die Ausdrücke mit dem Parameter λ fallen weg und es bleibt eine falsche Aussage stehen: **Die Gerade g ist echt parallel zur Ebene E**, weil sich für jeden Wert des Parameters beim Einsetzen eine falsche Aussage ergibt, d. h., kein Punkt der Geraden liegt in der Ebene.

Untersuchen Sie die gegenseitige Lage der Ebene   **Beispiel**

E: $2x_1 + 2x_2 - x_3 - 15 = 0$ und der Geraden g: $\vec{x} = \begin{pmatrix} 1 \\ 1 \\ 1 \end{pmatrix} + \lambda \cdot \begin{pmatrix} 2 \\ -1 \\ 2 \end{pmatrix}$.

Lösung:

$x_1 = 1 + 2\lambda$ $2(1 + 2\lambda) + 2(1 - \lambda) - (1 + 2\lambda) - 15 = 0$

$x_2 = 1 - \lambda$ in E: $2 + 4\lambda + 2 - 2\lambda - 1 - 2\lambda - 15 = 0$

$x_3 = 1 + 2\lambda$ $-12 = 0$ falsch

$\Rightarrow$ g ist echt parallel zu E.

4.9 Weitere geometrische Anwendungen

Im Folgenden werden die bisher gewonnenen Berechnungsmöglichkeiten auf weitere geometrische Probleme angewendet. Es werden **Lotgeraden** und **Lotfußpunkte** bestimmt sowie **Abstände** und **Spiegelpunkte** berechnet. Ferner werden **Spurpunkte** und **Spurgeraden** in den Koordinatenebenen ermittelt.

Abstand eines Punktes P von einer Ebene E

Die **Lotgerade** ℓ durch den Punkt P zur Ebene E schneidet diese im **Lotfußpunkt P'**.

$\ell: \vec{x} = \vec{p} + \lambda \cdot \vec{n}_E \cap E = \{P'\}$

P' ist der Mittelpunkt zwischen den symmetrischen Punkten P und P''.

$\vec{p}' = \frac{1}{2}(\vec{p} + \vec{p}'') \;\Rightarrow\; \vec{p}'' = 2\vec{p}' - \vec{p}$

oder:

$\vec{p}'' = \vec{p} + 2 \cdot \overrightarrow{PP'} = \vec{p}' + \overrightarrow{PP'}$

Den Lotfußpunkt P' nennt man auch die **senkrechte Projektion** des Punktes P auf die Ebene E.

Mithilfe des Lotfußpunktes P' erhält man den **Abstand des Punktes P von der Ebene E** zu:

$d(P; E) = \left| \overrightarrow{PP'} \right|$

Beispiel

1. Bestimmen Sie die Koordinaten der senkrechten Projektion des Punktes $P(8\,|\,3\,|-4)$ auf die Ebene $E: 2x_1 + x_2 - 2x_3 - 9 = 0$ sowie die Koordinaten des bezüglich E symmetrischen Punktes P'' **(Spiegelpunkt)** von P. Ermitteln Sie ferner den Abstand des Punktes P von der Ebene E.

   Lösung:

   $\ell: \vec{x} = \begin{pmatrix} 8 \\ 3 \\ -4 \end{pmatrix} + \lambda \cdot \begin{pmatrix} 2 \\ 1 \\ -2 \end{pmatrix} \cap E:$

   $2(8 + 2\lambda) + (3 + \lambda) - 2(-4 - 2\lambda) - 9 = 0$
   $16 + 4\lambda + 3 + \lambda + 8 + 4\lambda - 9 = 0$
   $9\lambda = -18 \quad \Rightarrow \quad \lambda = -2$

   $\Rightarrow \; P'(4\,|\,1\,|\,0)$ \quad Lotfußpunkt

$$\vec{p}'' = 2 \cdot \vec{p}' - \vec{p} = \begin{pmatrix} 8 \\ 2 \\ 0 \end{pmatrix} - \begin{pmatrix} 8 \\ 3 \\ -4 \end{pmatrix} = \begin{pmatrix} 0 \\ -1 \\ 4 \end{pmatrix}$$

$\Rightarrow$ P''(0|−1|4) Spiegelpunkt

$$d(P; E) = |\overrightarrow{PP'}| = \left| \begin{pmatrix} 4-8 \\ 1-3 \\ 0+4 \end{pmatrix} \right| = \left| \begin{pmatrix} -4 \\ -2 \\ 4 \end{pmatrix} \right| = \sqrt{16+4+16} = \sqrt{36} = 6$$

2. Gegeben sind die parallelen Ebenen
   E_1: $2x_1 - x_2 + 2x_3 - 6 = 0$ und E_2: $2x_1 - x_2 + 2x_3 + 12 = 0$.
   Bestimmen Sie den **Abstand der beiden parallelen Ebenen**
   und geben Sie die Menge aller Punkte X an, die von E_1 und
   E_2 den gleichen Abstand besitzen.

   Lösung:
   Jeder Punkt der Ebene E_1 hat von der Ebene E_2 den gesuch-
   ten Abstand, man wählt z. B. P(0|0|3) $\in E_1$.

   Lotgerade ℓ: $\vec{x} = \begin{pmatrix} 0 \\ 0 \\ 3 \end{pmatrix} + \lambda \cdot \begin{pmatrix} 2 \\ -1 \\ 2 \end{pmatrix}$ in E_2:

   $$\begin{aligned}
   2(2\lambda) - 1(-\lambda) + 2(3+2\lambda) + 12 &= 0 \\
   4\lambda + \lambda + 6 + 4\lambda + 12 &= 0 \\
   9\lambda + 18 &= 0 \\
   \lambda &= -2 \quad \Rightarrow \quad \text{P'}(-4|2|-1)
   \end{aligned}$$

   $$d(E_1; E_2) = |\overrightarrow{PP'}| = \left| \begin{pmatrix} -4-0 \\ 2-0 \\ -1-3 \end{pmatrix} \right| = \left| \begin{pmatrix} -4 \\ 2 \\ -4 \end{pmatrix} \right| = \sqrt{36} = 6$$

   Alle Punkte X, die von E_1 und E_2 den gleichen Abstand besitzen, liegen auf der **Mittelebene E_M** zu E_1 und E_2. Da E_M
   parallel zu E_1 und E_2 ist, besitzt E_M denselben Normalenvektor, also gilt:
   E_M: $2x_1 - x_2 + 2x_3 + c = 0$
   Es wird ein Punkt M auf E_M ermittelt:

   $$\overrightarrow{OM} = \overrightarrow{OP} + \frac{1}{2}\overrightarrow{PP'} = \begin{pmatrix} 0 \\ 0 \\ 3 \end{pmatrix} + \frac{1}{2}\begin{pmatrix} -4 \\ 2 \\ -4 \end{pmatrix} = \begin{pmatrix} -2 \\ 1 \\ 1 \end{pmatrix}$$

   M(−2|1|1) in E_M eingesetzt:

   $$\begin{aligned}
   2 \cdot (-2) - 1 + 2 \cdot 1 + c &= 0 \\
   -4 - 1 + 2 + c &= 0 \\
   -3 + c &= 0 \\
   c &= 3 \quad \Rightarrow \quad E_M: 2x_1 - x_2 + 2x_3 + 3 = 0
   \end{aligned}$$

Symmetrieebene zu zwei Punkten

Die gesuchte Symmetrieebene kann direkt in der Normalenform angegeben werden.

Die Ebene E soll Symmetrieebene zu den Punkten A und B sein. Dann liegt der Mittelpunkt M der Strecke [AB] in der Ebene E. Die Richtung $\overrightarrow{AB}$ ist die Lotrichtung $\vec{n}_E$ der Ebene E:

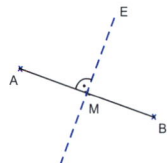

$$\vec{n}_E = \overrightarrow{AB} \quad \wedge \quad M \in E \quad \text{E: } \vec{n}_E \circ \vec{x} = \vec{n}_E \circ \vec{m}$$

Beispiel

Bestimmen Sie zu den Punkten A(2|1|3) und B(6|−1|1) die Symmetrieebene E.

Lösung:

$$\vec{m} = \frac{1}{2}(\vec{a} + \vec{b}) = \frac{1}{2}\begin{pmatrix} 8 \\ 0 \\ 4 \end{pmatrix} = \begin{pmatrix} 4 \\ 0 \\ 2 \end{pmatrix} \quad \Rightarrow \quad M(4|0|2)$$

$$\vec{n}_E = \overrightarrow{AB} = \vec{b} - \vec{a} = \begin{pmatrix} 4 \\ -2 \\ -2 \end{pmatrix} = 2 \cdot \begin{pmatrix} 2 \\ -1 \\ -1 \end{pmatrix}$$

$$\text{E: } \begin{pmatrix} 2 \\ -1 \\ -1 \end{pmatrix} \circ \vec{x} = \begin{pmatrix} 2 \\ -1 \\ -1 \end{pmatrix} \circ \begin{pmatrix} 4 \\ 0 \\ 2 \end{pmatrix} = 8 - 2 = 6$$

$$\text{E: } 2x_1 - x_2 - x_3 - 6 = 0$$

Abstand eines Punktes P von einer Geraden g

Der Abstand eines Punktes P von einer Geraden g wird über die Bestimmung des **Lotfußpunktes P'** von P auf g ermittelt.

g: $\vec{x} = \vec{a} + \lambda \cdot \vec{u}$

$P' \in g$: $P'(a_1 + \lambda \cdot u_1 | a_2 + \lambda \cdot u_2 | a_3 + \lambda \cdot u_3)$

Der Richtungsvektor $\overrightarrow{PP'}$ steht senkrecht auf dem Richtungsvektor $\vec{u}_g$ der Geraden g, d. h.:

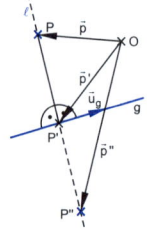

$$\overrightarrow{PP'} \circ \vec{u}_g = 0$$

Daraus erhält man den Lotfußpunkt P', der auch **senkrechte Projektion** von P auf g genannt wird.

Für den Abstand des Punktes P von der Geraden g gilt dann:

$d(P; g) = \left| \overrightarrow{PP'} \right|$

Anmerkung: Mit dem gleichen Verfahren bestimmt man den
Abstand paralleler Geraden.

Die Gleichung der **Lotgerade** ℓ ergibt sich zu:

$\ell: \vec{x} = \overrightarrow{OP} + \lambda \cdot \overrightarrow{PP'}; \lambda \in \mathbb{R}$

Für den **Spiegelpunkt P''** gilt wie bei der Ebene (siehe
Seite 208):

$\vec{p}'' = 2\vec{p}' - \vec{p} = \vec{p} + 2 \cdot \overrightarrow{PP'} = \vec{p}' + \overrightarrow{PP'}$

1. Bestimmen Sie den Abstand des Punktes P(6|5|2) von der **Beispiel**

   Geraden g: $\vec{x} = \begin{pmatrix} 5 \\ 1 \\ 3 \end{pmatrix} + \lambda \cdot \begin{pmatrix} 1 \\ -2 \\ 2 \end{pmatrix}$, die Gleichung der Lotgeraden

   durch P zu g und die Koordinaten des Spiegelpunktes P'' von
   P an g.

   Lösung:
   $P' \in g$: $P'(5+\lambda \mid 1-2\lambda \mid 3+2\lambda) \Rightarrow \overrightarrow{PP'} = \begin{pmatrix} -1 + \lambda \\ -4 - 2\lambda \\ 1 + 2\lambda \end{pmatrix}$

   $\overrightarrow{PP'} \circ \vec{u}_g = \begin{pmatrix} -1 + \lambda \\ -4 - 2\lambda \\ 1 + 2\lambda \end{pmatrix} \circ \begin{pmatrix} 1 \\ -2 \\ 2 \end{pmatrix} = -1 + \lambda + 8 + 4\lambda + 2 + 4\lambda = 0$

   $$9\lambda = -9$$

   $$\Rightarrow \lambda = -1 \Rightarrow P'(4 \mid 3 \mid 1)$$

   $\overrightarrow{PP'} = \begin{pmatrix} -2 \\ -2 \\ -1 \end{pmatrix} \Rightarrow d(P; g) = \left| \overrightarrow{PP'} \right| = \sqrt{4+4+1} = 3$

   Lotgerade ℓ: $\vec{x} = \overrightarrow{OP} + \lambda \cdot \overrightarrow{PP'} = \begin{pmatrix} 6 \\ 5 \\ 2 \end{pmatrix} + \lambda \begin{pmatrix} -2 \\ -2 \\ -1 \end{pmatrix}; \lambda \in \mathbb{R}$

   Spiegelpunkt P'': $\overrightarrow{OP''} = \overrightarrow{OP'} + \overrightarrow{PP'} = \begin{pmatrix} 4 \\ 3 \\ 1 \end{pmatrix} + \begin{pmatrix} -2 \\ -2 \\ -1 \end{pmatrix} = \begin{pmatrix} 2 \\ 1 \\ 0 \end{pmatrix}$

   $$\Rightarrow P''(2 \mid 1 \mid 0)$$

2. Gegeben sind die Ebene E: $x_1 - 2x_3 + 3 = 0$ und die Gerade

$$g: \vec{x} = \begin{pmatrix} 0 \\ 3 \\ 3 \end{pmatrix} + \lambda \begin{pmatrix} 1 \\ -1 \\ 2 \end{pmatrix}; \lambda \in \mathbb{R}.$$

Zeigen Sie, dass die Gerade g die Ebene E in einem Punkt S schneidet, und bestimmen Sie eine Gleichung der Geraden g*, die durch Spiegelung der Geraden g an der Ebene E entsteht.

Lösung:

Berechnung des Schnittpunktes S, dazu g in E:

$\lambda - 2(3 + 2\lambda) + 3 = 0$; $-3\lambda - 3 = 0$; $\lambda = -1$ $\Rightarrow$ S($-1 \mid 4 \mid 1$)

Zur Berechnung der Spiegelgeraden wird zunächst der Spiegelpunkt P* von P($0 \mid 3 \mid 3$) an E bestimmt:

Lotgerade ℓ: $\vec{x} = \begin{pmatrix} 0 \\ 3 \\ 3 \end{pmatrix} + \mu \cdot \begin{pmatrix} 1 \\ 0 \\ -2 \end{pmatrix}$

$\ell \cap E$:

$\mu - 2(3 - 2\mu) + 3 = 0$

$5\mu - 3 = 0$

$\mu = \tfrac{3}{5}$ in ℓ

$\Rightarrow$ L$\left(\tfrac{3}{5} \mid 3 \mid \tfrac{9}{5} \right)$

Nun gilt: $\overrightarrow{OP^*} = \overrightarrow{OL} + \overrightarrow{PL} = \begin{pmatrix} \frac{3}{5} \\ 3 \\ \frac{9}{5} \end{pmatrix} + \begin{pmatrix} \frac{3}{5} \\ 0 \\ -\frac{6}{5} \end{pmatrix} = \begin{pmatrix} \frac{6}{5} \\ 3 \\ \frac{3}{5} \end{pmatrix}$

Damit gilt:

$$g^*: \vec{x} = \overrightarrow{OS} + \rho \cdot \overrightarrow{SP^*}$$

$$g^*: \vec{x} = \begin{pmatrix} -1 \\ 4 \\ 1 \end{pmatrix} + \rho \cdot \begin{pmatrix} \frac{11}{5} \\ -1 \\ -\frac{2}{5} \end{pmatrix}$$

oder $g^*: \vec{x} = \begin{pmatrix} -1 \\ 4 \\ 1 \end{pmatrix} + \rho' \cdot \begin{pmatrix} 11 \\ -5 \\ -2 \end{pmatrix}$

Die Schnittgerade einer Ebene mit einer Koordinatenebene heißt **Spurgerade**.

Beispiel

Bestimmen Sie für die Ebene E: $2x_1 + x_2 - 2x_3 - 3 = 0$ eine Gleichung der Spurgeraden in der x_2-x_3-Koordinatenebene.

Lösung:
Für die x_2-x_3-Koordinatenebene gilt $x_1 = 0$; in E eingesetzt:
$x_2 - 2x_3 - 3 = 0$
Da diese Gleichung zwei Variable besitzt, kann eine beliebig frei gewählt werden, z. B. $x_3 = \lambda \implies x_2 - 2\lambda - 3 = 0$; $x_2 = 2\lambda + 3$
Also gilt insgesamt:

$\left.\begin{array}{l} x_1 = 0 \\ x_2 = 3 + \lambda \cdot 2 \\ x_3 = \quad \lambda \cdot 1 \end{array}\right\} \implies$ s: $\vec{x} = \begin{pmatrix} 0 \\ 3 \\ 0 \end{pmatrix} + \lambda \begin{pmatrix} 0 \\ 2 \\ 1 \end{pmatrix}$ ist die gesuchte Spurgerade.

Der Schnittpunkt einer Geraden mit einer Koordinatenebene heißt
Spurpunkt.

Beispiel

Bestimmen Sie für die Gerade g: $\vec{x} = \begin{pmatrix} 1 \\ -4 \\ 4 \end{pmatrix} + \lambda \begin{pmatrix} -1 \\ 0 \\ 2 \end{pmatrix}$; $\lambda \in \mathbb{R}$ die

Koordinaten der Spurpunkte in den Koordinatenebenen.

Lösung:
Die x_1-x_2-Koordinatenebene besitzt die Gleichung $x_3 = 0$. Setzt man dies in die Geradengleichung ein, erhält man:
$0 = x_3 = 4 + 2\lambda \implies -4 = 2\lambda \implies \lambda = -2$
Damit ist der Spurpunkt in der x_1-x_2-Koordinatenebene:
$S_{1,2}(3|-4|0)$

Analog gilt für die x_2-x_3-Koordinatenebene:
$x_1 = 0 \implies 0 = 1 - \lambda \implies \lambda = 1$
Also erhält man als Spurpunkt in der x_2-x_3-Koordinatenebene:
$S_{2,3}(0|-4|6)$

Am Richtungsvektor der Geraden g erkennt man, dass g parallel zur x_1-x_3-Koordinatenebene verläuft und somit kein Spurpunkt in dieser existiert. Wenn man dennoch die Bedingung $x_2 = 0$ in die Geradengleichung einsetzt, erhält man folgerichtig einen Widerspruch ($0 = -4$).

4.10 Gleichungen von Geraden und Ebenen mit Formvariablen

In Gleichungen von Geraden und Ebenen können auch **Formvariable** auftreten. Die Wirkung solcher Parameter wird an den folgenden Beispielen erläutert.

Beispiel

1. **Geraden**

   $g_a\colon \vec{x} = \begin{pmatrix} 4 \\ 1 \\ 0 \end{pmatrix} + \lambda \cdot \begin{pmatrix} 2a \\ 6 \\ a \end{pmatrix}$ **Geradenbüschel** mit dem Trägerpunkt $P(4\,|\,1\,|\,0)$, d. h., P liegt auf allen Geraden g_a.

   $g_a\colon \vec{x} = \begin{pmatrix} a \\ 2a \\ 1 \end{pmatrix} + \lambda \cdot \begin{pmatrix} 4 \\ 1 \\ 2 \end{pmatrix}$ **Schar paralleler Geraden**, d. h., alle Geraden haben den gleichen Richtungsvektor.

   Die Menge aller (einparametrigen) Punkte $X_a(1+a\,|\,2-3a\,|\,2)$ mit $a \in \mathbb{R}$ stellt eine Gerade dar.
   Es gilt:

   $$\vec{x} = \begin{pmatrix} 1 + a \\ 2 - 3a \\ 2 + 0\cdot a \end{pmatrix} = \begin{pmatrix} 1 \\ 2 \\ 2 \end{pmatrix} + a \cdot \begin{pmatrix} 1 \\ -3 \\ 0 \end{pmatrix}; \ a \in \mathbb{R}$$

2. Die Menge aller (zweiparametrigen) Punkte $X_{ab}(2+a+b\,|\,4+b\,|\,1+a)$ mit $a, b \in \mathbb{R}$ stellt eine Ebene dar.
   Es gilt:

   $$\vec{x} = \begin{pmatrix} 2 + a + b \\ 4 + 0\cdot a + b \\ 1 + a + 0\cdot b \end{pmatrix} = \begin{pmatrix} 2 \\ 4 \\ 1 \end{pmatrix} + a \cdot \begin{pmatrix} 1 \\ 0 \\ 1 \end{pmatrix} + b \cdot \begin{pmatrix} 1 \\ 1 \\ 0 \end{pmatrix}; \ a, b \in \mathbb{R}$$

3. Beschreiben Sie in Abhängigkeit von $k \in \mathbb{R}$ die Lage der Ebenen $E_k\colon 2x_2 + (k+1)x_3 - 3 = 0$ im Koordinatensystem.

   Lösung:
   Alle Ebenen E_k sind parallel zur x_1-Achse.
   Für den Sonderfall $k = -1$ ist die zugehörige Ebene E_{-1} parallel zur x_1-x_3-Koordinatenebene.

Stichwortverzeichnis

Analysis

Stochastik

Analytische Geometrie

Ihre Anregungen sind uns wichtig!

Liebe Kundin, lieber Kunde,

der STARK Verlag hat das Ziel, Sie effektiv beim Lernen zu unterstützen. In welchem Maße uns dies gelingt, wissen Sie am besten. Deshalb bitten wir Sie, uns Ihre Meinung zu den STARK-Produkten in dieser Umfrage mitzuteilen.

Unter *www.stark-verlag.de/ihremeinung* finden Sie ein Online-Formular. Einfach ausfüllen und Ihre Verbesserungsvorschläge an uns abschicken. Wir freuen uns auf Ihre Anregungen.

www.stark-verlag.de/ihremeinung

Richtig lernen, bessere Noten

7 Tipps wie's geht

1. **15 Minuten geistige Aufwärmzeit** Lernforscher haben beobachtet: Das Gehirn braucht ca. eine Viertelstunde, bis es voll leistungsfähig ist. Beginne daher mit den leichteren Aufgaben bzw. denen, die mehr Spaß machen.

2. **Ähnliches voneinander trennen** Ähnliche Lerninhalte, wie zum Beispiel Vokabeln, sollte man mit genügend zeitlichem Abstand zueinander lernen. Das Gehirn kann Informationen sonst nicht mehr klar trennen und verwechselt sie. Wissenschaftler nennen diese Erscheinung „Ähnlichkeitshemmung".

3. **Vorübergehend nicht erreichbar** Größter potenzieller Störfaktor beim Lernen: das Smartphone. Es blinkt, vibriert, klingelt – sprich: Es braucht Aufmerksamkeit. Wer sich nicht in Versuchung führen lassen möchte, schaltet das Handy beim Lernen einfach aus.

4. **Angenehmes mit Nützlichem verbinden** Wer englische bzw. amerikanische Serien oder Filme im Original-Ton anschaut, trainiert sein Hörverstehen und erweitert gleichzeitig seinen Wortschatz. Zusatztipp: Englische Untertitel helfen beim Verstehen.

5. **In kleinen Portionen lernen** Die Konzentrationsfähigkeit des Gehirns ist begrenzt. Kürzere Lerneinheiten von max. 30 Minuten sind ideal. Nach jeder Portion ist eine kleine Verdauungspause sinnvoll.

6. **Fortschritte sichtbar machen** Ein Lernplan mit mehreren Etappenzielen hilft dabei, Fortschritte und Erfolge auch optisch sichtbar zu machen. Kleine Belohnungen beim Erreichen eines Ziels motivieren zusätzlich.

7. **Lernen ist Typsache** Die einen lernen eher durch Zuhören, die anderen visuell, motorisch oder kommunikativ. Wer seinen Lerntyp kennt, kann das Lernen daran anpassen und erzielt so bessere Ergebnisse.